室内装饰装修施工教程

150期
微课
视频版

王国彬
孙 琪
主编

U0194855

化学工业出版社
·北京·

内容简介

室内装修几乎是每个人生活中都会遇到的经历。然而对于大部分第一次装修的业主来说，这项工作千头万绪，不知道从何处入手，不仅担心吃亏上当，还对最后能呈现什么样的效果毫无把握。本书针对业主在装修中的痛点，解析室内装修的各个环节：从装修前的设计、装修准备工作，到各种家居建材的选择，再到拆除、水电、泥瓦、木工、油工等施工环节，以及如何列估价单、抓预算、签合同。内容系统全面，图解结合视频，从真实案例讲起，让家装既省钱又省心、毫无后顾之忧。

本书适合作为本科院校、高等职业院校、中等职业学校和技工技师院校的建筑学专业、建筑装饰专业、环境艺术设计专业、室内设计专业的教材使用，也适合有住房装修需求的各类人群阅读。设计师、工程项目经理及室内装饰装修爱好者也可用来学习参考。

图书在版编目（CIP）数据

室内装饰装修施工教程：150期微课视频版／王国彬，孙琪主编．—北京：化学工业出版社，2022.2
ISBN 978-7-122-40373-5

Ⅰ．①室… Ⅱ．①王… ②孙… Ⅲ．①室内装饰－工程施工－教材 Ⅳ．① TU767

中国版本图书馆CIP数据核字（2021）第240417号

责任编辑：毕小山　　　　　　　　　　　　　装帧设计：王晓宇
责任校对：王佳伟

出版发行：化学工业出版社　（北京市东城区青年湖南街13号　邮政编码100011）
印　　装：北京宝隆世纪印刷有限公司
787mm×1092mm　1/16　印张13¼　字数334千字　2022年2月北京第1版第1次印刷

购书咨询：010-64518888　　　　　　　　售后服务：010-64518899
网　　址：http://www.cip.com.cn
凡购买本书，如有缺损质量问题，本社销售中心负责调换。

定　　价：78.00元　　　　　　　　　　　　　　版权所有　违者必究

京化广临字2022—01

编写人员名单

主　编◎王国彬　孙　琪

副主编◎赵　洁　周　岩　秦晓娜　罗海霞

　　　　闫更兴　王　琦　张萌露　赵恒芳

参　编◎刘　稳　黎　东　黎　明　左建勇

　　　　孟子玉　周文杰

不想装修完还要没完没了地返工？不希望与让人抓狂的施工错误朝夕相处几十年？无数的家装经历告诉我们：真正好住的家绝不只是表面的漂亮而已，一个装修得舒适方便、让人后顾无忧的家，将大大提升未来居家生活的幸福感。

《室内装饰装修施工教程（150期微课视频版）》一书由中国知名装修门户土巴兔（土巴兔集团股份有限公司）荣誉出品，是清晰易读、接地气的装修施工、设计选材图书，汇集大量家居装修案例，全面采用实拍照片与详细工法介绍，编排细致，一步步讲解施工过程。能够让家装新手们不需要通晓复杂的工程计算和施工细则，就能轻松了解家庭装修，准确抓住要点，一眼看出问题，避免日后麻烦不断。

本书从真实案例讲起，一本书讲透家庭装修全过程，结合施工现场实拍照片与案例视频，从真实案例讲起，教读者开工不被坑、施工做对事、监工有技巧，让家装省钱又省心、毫无后顾之忧。

本书内容系统全面，包括装修各个环节：从装修前的设计、装修准备工作，到各种家居建材的选择，再到拆除、水电、泥瓦、木工、油工等施工环节，以及如何列估价单、抓预算、签合同。帮读者掌握家庭装修全过程。

本书特色：

① 品质升华，视频清晰，讲解更贴近业主的需求；

② 写作风格诙谐幽默，生活化的语言更符合读者阅读口味；

③ 内容设置有趣，干货多；

④ 倾力调研用户需求，从心出发，全新打造。

为了便于读者直观地理解，全书内容尽量以视频、图示的形式来说明装修过程中可能出现的各种问题，并将文字的编写简单化，通过一个个简单易懂的知识点，组合成每阶段的所有内容，从而让繁杂的装修知识变得清晰、具体，让读者可以更好地掌握小家装修的技能。

由于编者水平有限，错误之处在所难免，欢迎广大读者进行交流反馈。如对本书有专业上的指导，请致信邮箱 287889834@qq.com。主编联系方式：17705426213。

编者

二〇二二年元月

目录

CONTENTS

第 2 篇

装修设计 046

第**1**篇

装修基础知识

第 1 章

秒懂装修风格

1.1
秒懂装修风格，你知道这 10 种热门的装修风格吗

（1）什么是装修风格

装修风格也称设计风格。每个人的穿衣都有各种各样的风格，装修也是一样的。在当今这个信息发达的时代，每个人都有不一样的喜好，而装修中的风格又需要色彩、造型、软装、搭配等多方协调统一，所以通过装修风格的确立，可以更容易把握室内空间设计的重点，也更容易方便业主表达自己对装修的喜好和看法。

（2）装修风格有哪些

市面上常见的装修风格有许多种，这里为大家整理出以下几种热门的装修风格。

① 现代简约风格。如果想要追求极致的简单和实用性，那不妨试试现代简约风格。

② 日式风格。如果你在生活中追求禅意或者拥有唐朝情怀，讲究适度即可的生活理念，那么日式风格推荐给你。

③ 美式风格。美式风格宽大、实用、舒适，象征着自由独立。

④ 新古典风格。摒弃古典欧式风格中花哨笨重的形象，去繁从简的新古典风格，给人带来一种高端奢华的感受。

⑤ 中式风格。如果喜欢木质，又非常喜欢中国传统元素，那么中式风格非常适合你。

⑥ 新中式风格。新中式风格与中式风格类似，最大的不同是用料上更多地结合现代材料，中西结合。

⑦ 后现代风格。如果想要每天回家都有一种住在艺术馆的感觉，那么后现代风格一定是你首选的装修风格。

⑧ 地中海风格。睁开眼即是白色的沙滩和蓝色的天空，闭上眼仿佛置身于圣托里尼，地中海风格您值得拥有。

⑨ 田园风格。这里的田园并不是农村田园，而是一种贴近自然、向往自然的风格，崇尚简朴。

⑩ 东南亚风格。浓郁的东南亚风情，大胆的配色，仿佛置身于多雨富饶的热带。

装修风格固然重要，但是装修风格也是为了我们住得更舒适、更方便而存在的。所以，装修风格还是要根据自己的实际需求来选择，结合房屋构造，找到集实用和美观于一体的装修风格。毕竟适合自己的才是最好的。

1.2
新中式风格和你想象中的有什么不一样

新中式风格就是在传统中式风格的基础上融入更多现代元素，既有传统韵味又符合现代生活特点，传统与时尚并存。

（1）传统中式风格

传统中式风格讲究对称美学、繁复工艺，庄严而厚重。而新中式则回归实用设计，做减法，比如硬装上线条更加简洁，不再使用大量繁杂的雕刻，少了厚重，多了流动的现代感。

家具以线条轻巧柔和的明式家具为主，简单实用。家居用材常选用木制品等天然材料，亲近自然。

再将瓷器、中国画、茶具等传统中国元素添加到造型简约的整体中，体现出浓郁的东方之美和文化底蕴。

（2）新中式风格

新中式风格还常采用简约化的博古架或中式屏风、隔窗来隔绝视线，营造出中式空间的层次之美。

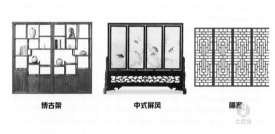

色彩搭配上，新中式风格多以深色为主，以黑色、白色、灰色，以及或深或浅的木色作为主基调，搭配传统中式的红色、黄色、蓝色、绿色等作为局部色彩，清雅而庄重。

作为现代风格与中式风格的结合，新中式风格比传统中式风格更加实用，更富现代感，越来越受到当代年轻人的青睐。

1.3
新中式装修，美到骨子里的中国风

新中式装修作为家装风格中的一股新潮流，备受喜爱。那么"新中式"与"传统中式"有什么不同，我们又该如何打造"新中式"呢？

1.3.1 "传统中式"与"新中式"

提到传统中式装修，可能大多数人都会想到故宫。故宫是传统中式装修风格的巅峰之作，体现了对称美学、贵重选材、繁复工艺、华丽色彩等在传统中式装修中的大量运用。其背后的设计理念其实是对阶层分明、尊卑有序的表达。所以置身其中，人们多多少少都会感受到那种庄严与厚重感，甚至还有一丝拘谨。

现代社会生活节奏越来越快，很多人都希望居所中有一寸空间是属于自己的，能停下来，轻松一些，自由一些。"新中式"是一种将传统文化底蕴与现代设计美学充分融合的装修风格。

1.3.2 五步轻松打造"新中式"

（1）流畅简约的设计

新中式装修讲究人与人之间的平等关系。一个居所应该成为一个可以自由放松的地方，所以我们可以看到很多新中式回归实用设计而做出的减法，比如硬装上线条更加简洁，吊顶不再着重于大量繁杂的雕刻，少了些厚重，却多了一些流动的现代感。在空间风格上，隔窗、屏风等元素也主要起到装饰点缀作用，运用得并不是很多。

（2）线条柔和的家具

传统中式装修搭配的家具风格又大又重，带着清代的特点，粗"胳膊"粗"腿儿"显得很严肃。而新中式风格的家具则带着宋明时期的特征。宋明两代的审美与清代相比有几个特点：清淡、内敛、简约；家具更轻巧，线条更细、边角更柔和，简单实用也容易让人产生亲近感。

（3）天然温润的材质

新中式装修中经常会用到天然的材质，比如木制品。其背后的理念是原生态的材质更能让人亲近大自然，心灵上更容易得到放松。

（4）沉稳和谐的色彩

新中式风格多以深色为主。色彩搭配上以黑色、白色、灰色以及或深或浅的木色作为主基调，搭配皇家住宅的红色、黄色、蓝色、绿色等作为局部色彩。新中式的审美同样注重和谐，如果对家里的装饰、布艺、灯具等色彩的挑选拿不准，则可以选择纯色或者米色。

（5）清雅含蓄的意境

对比北欧、日式、地中海等装修风格，新中式装修风格最大的特点就是尤其注重文化意蕴的打造。一个摆件、一幅字画，甚至一花一木，都是主人文化素养与生活品位的表达。

在打造意境上有四点值得注意：第一，如果不清楚某件文玩字画的由来，那么慎重选用；第二，物件要与场景相符，如果在气势磅礴的场景中使用一幅伤春悲秋的字画，不仅格格不入，还会破坏场景的气场；第三，不要过于重视物件的价值，更应该回归文化的寓意；第四，不要把家里塞得满满当

当，适当地留白才能营造出意境美。

在打造新中式装修风格的时候，应始终明确一点，那就是"新中式装修风格不是加法而是减法"。

1.4
如何打造真正的轻奢风格

很多人都会纠结，房屋装修应该选择什么风格，欧式风格太浮夸，简约风格又太单调，这就碰撞出了所谓的轻奢风格。钱不够，品位凑，轻奢风格就是以相对较低的价格，通过一些精致的软装元素来凸显质感和品位。

在色彩选择上，轻奢风格一般会选用带有高级感的中性色，如使用驼色、象牙白色、奶咖色、黑色以及炭灰色来演绎一种低调的奢华，令空间质感更为饱满。驼色、象牙白色都是倾向于高雅调性的色彩，运用在家居设计中可以呈现出温馨大气的格调。

黑色、炭灰色等深色调则需要用在反光材质上，比如玻璃、丝绒、镜面等，做一些华丽的点缀。

在材质运用上，大理石、黄铜、丝绒、皮饰、瓷砖乃至木饰面等都可以经过巧妙的混搭和组合提升空间的奢华感。

不费钱就不会带"奢"字了。不过装修的预算都是相当灵活的，同样都是轻奢装修，同样的面积预算会差很多，主要是材料、家具、装饰物档次的差别。

专业设计师会从声学、力学、光学、美学、哲学、心理学、色彩学等方面考虑，来设计出一个生理舒适、心情愉悦的美观空间，先好住，再好看。

1.5
如何巧妙打造现代简约风格

现代简约风格是现在比较流行的一种装修风格，起源于格罗佩斯创办的包豪斯学派。包豪斯学派提倡"功能第一"的原则，在建筑装饰上提倡简约。因此，现代简约风格在硬装上造型简单，没有复杂多余的装饰，家居物品也以不占面积，实用性强为主，整体看上去简洁大气。

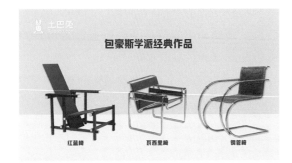

现代简约风格在空间布局上讲究内外通透，追求不受实体墙限制的自由，常使用开放式设计或透明的玻璃隔断。

家具造型上多采用直线，利落流畅。家具选材常见具有光泽感的新型材料，更显美观大方。

由于硬装线条简单、装饰少，现代简约风格需要完美的软装装饰才能显出美感，例如，墙需要挂画，沙发需要靠垫，餐桌需要餐桌布等。

金属是体现简约风格的有力手段，比如造型不同的金属灯可以营造出时尚前卫的感觉。

很多人把现代简约风格误认为是"简单＋节约"，以为没什么特点的装修就是现代简约风格，但其实真正的现代简约风格非常考验设计师的实力，而且并不便宜。

1.6
就这么简单，5 步打造现代简约风格

衣服不合适可以轻松换，但装修风格不喜欢就很难说换就换了。如何才能选对真正适合自己的装修风格？我们来看一下最不拘一格的现代简约风格。

1.6.1　现代简约风格的特点

现代简约风格注重轻松自在、没有束缚的生活状态。简约时尚的同时，又能给人舒适宜居的格调。而现在都市的忙碌生活和竞争压力，让大家更加注重用这种自由风格的居室环境来消除工作的疲惫。因此现代简约风格成为越来越多人的家装选择。

现代简约风格崇尚少即是多，强调功能性设计，线条简约流畅，色彩高度凝练。将设计的元素、色彩、照明、原材料简化到最少，但对于材料的质地和室内空间的通透感非常讲究，简约而不简单。

1.6.2　如何打造现代简约风格？

在打造现代简约的家居风格时，要遵循以下几点原则。

（1）简洁设计

强调简洁明了、线条流畅，不需要多余的装饰，将最少的材料和单一的设计元素进行合理精致地编排，从而达到以少胜多的效果。

（2）功能至上

现代简约风格没有户型的限制。大户型装修追求高端、大气、上档次，小户型则更追求有内涵。现代简约风格更注重空间的实用性和灵活性，以最大的利用率来实现各种空间的相互渗透。所以在现代简约风格的小户型家居设计中，你会经常看到多功能家具收纳"神器"的身影。

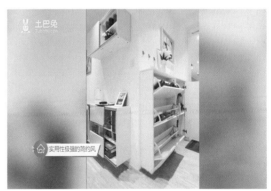

（3）自由的空间划分

现代简约风格在空间的划分上并不单纯利用硬质墙体，因此经常可以见到透明的玻璃隔断。开放式设计让不同的功能区互相渗透与融合。一件家具的摆放都会影响空间的划分，甚至光线的变化也能表达出居室的空间美学。

（4）凝练的色彩

现代简约风格在色彩上呈现出明快与冷调。如果你希望房间明亮开阔，那就大面积用白色；如果想要"高冷范儿"，就选用黑白灰；如果想更有个性，营造出视觉冲击，就在基调色上适量加入强烈的对比色。另外也可以试一下墙绘图案，能让简约的家居氛围更有活力。

（5）大胆的装饰材料

在装修选材上，已经不再局限于石料、木材、面砖这些传统材料。现代简约风格的家居装饰选材可以更大胆一些。光泽感极强的金属、变换色彩与花样的涂料、有质感的玻璃或墙面、高科技合成材料等，更能打造出一种高级感，但一定要把握分寸，不宜大面积使用。

1.7

日式风格的家，只需1分钟你就了解

日式风格又称和风，源于中国的唐朝，后传入日本发扬光大。它的特点是淡雅简洁，一般采用清晰的线条，居室布置干净又有较强的几何立体感。

在日式风格的室内设计中，色彩多偏重原木色，以及竹、藤、麻和其他天然材料的颜色，形成朴素的自然风格。

传统的日式家具有榻榻米、日式推拉格栅、日式茶桌等。对于生活在都市中的我们来说，日式风格所营造的闲适写意的家居环境和悠然自得的生活境界，也许就是我们所追求的。

新派日式风格家居以简约为主，常采用米色加白色的色彩，搭配合适的门窗，大多简洁透光。家具低矮且不多，给人以宽敞明亮的感觉。

多数日本居民采用"和洋并用"的生活方式。客厅、饭厅等对外部分使用沙发、椅子等现代家具的洋室；卧室等对内部分则是使用榻榻米、灰砂墙，杉板、糊纸格子拉门等传统家具的和室。

1.8
清新自然的日式风格，小户型必看

当家里的东西多到快要"爆炸"时，我们就需要进行收纳整理。说到收纳，就绕不过日式风格。比如近两年特别火的日剧《我的家里空无一物》，不仅教大家收纳，更重要的是流露了"少物好生活"的生活理念。普通家庭想采用日式风格，一般会选择榻榻米、移门、原木家具等经典元素，但是，搞清楚日本人民居住文化的缘由才是第一步。

1.8.1　日式风格的灵魂：简洁与秩序

和中式建筑类似，日式建筑也有厚重的传统。从源头上说，两者一脉相承，均起源于唐朝，可广义上概括为汉风建筑。但是日本土地资源匮乏，因此其建筑十分注重空间利用。这种潜移默化的影响，使日本人民对室内空间规划的最大需求就是高效、简洁。这也是一些极简主义品牌和许多收纳"神人"会产生于日本的原因。

1.8.2　日式风格的核心元素：低矮的木作家具

日式家具多用原木，这一点大概已经深入人心。有人说日式风格和北欧风格都很简洁，属于"冷淡"的风格，但北欧风格是大机器时代的产物，是真"冷淡"，而日式风格再简洁，骨子里还是有东方民族田园牧歌的情怀。

开放、喝茶的房间，到了晚上便成为卧室。

现实中的日本人家有一个最大的共同点，那就是家具都只做到半人高，房子上半部空间留白很多，一方面可以增强空间感，另一方面，日本处于地震带，低矮的家具也会更加安全。日式家具虽然低矮，但是有一种悬浮的轻盈感。这主要得益于原木家具清透的浅色调和直筒小脚。如果想要打造经典的日式风格，这两点是选购家具的重要参考维度。

榻榻米叠加多种空间功能，在满足睡觉的同时，还可以储物或者为人们提供喝茶看书的场所，其尺寸还可以根据实际情况定制，对空间小的家庭非常友好。

1.8.4　日式核心元素：整理的守则

追求简洁和秩序，最重要的自然是养成整理的习惯。有四条守则与大家共勉：

①把东西放在方便使用的地方；②不在公共区域放置私人物品；③定期对物品进行分类，将没用的物品及时处理掉；④隐藏的规矩——尽量不添东西。

在"速食文化"流行的今天，我们往往容易把自己的生活耗在廉价的一次性物品当中，而那些具有长久使用价值的物品，却被遗忘在不为人知的角落。因此，学会"断舍离"，学会与好物长久相处，或许能够有效提高我们的生活质量。

1.8.3　日式核心元素：移门和榻榻米

日本人很注重个人空间，因此日式住宅中采用了非常多的隔断。但由于日本房屋内部空间小，所以他们采用活动门来分隔空间，这样能够尽量压缩隔断和开关的面积，使内部空间得到最大化利用。白天的时候，为了房子空间的通透感和通风采光的需求，他们会把家中的隔断全部打开；到了晚上的休息时间，他们便会将隔断拉紧，白天

1.9
你知道吗，美式风格精髓在于混搭

美式风格的精髓在于混搭。它是在英式风格基础上融合了各个欧洲国家风格的产物。美式风格崇尚古典，具有浓郁的怀旧感，这不仅反映在软装摆件上对仿古艺术品的喜爱，同时体现在材料选择上对各种仿古墙地砖石材的偏爱和对各种仿旧工艺的追求上。

因为房屋面积大，所以美式风格整体粗犷大气。家具宽大舒适，代表了一种自在、随意不羁的生活方式。

在美式风格的装修中，实木的使用率非常高，很多是樱花木、樱桃木、枫木等珍贵木材。比如美式床就是以黑胡桃木等深色居多，普遍给人一种古朴敦实的感觉，但又有一些简单的欧式装饰装点，非常有特色。

在各种工业化进程中，美国的实用主义倾向也影响着美式风格。开放式厨房加上便餐台，还要具备功能强大又简单耐用的厨具设备，如水槽下的残渣粉碎机、烤箱等。美式家具价格偏贵，适合具备一定经济基础、偏爱西方生活方式的白领。

1.10
用对美式元素，你也可以生活在美剧里

美式风格和美国人一样，比较难定义。对于没有太多历史积淀、十分多元化的美国来说，移民文化奠定了美国今天风格各异的家装局面。我们从"那些年令我们欲罢不能的美剧"聊起，走进美式装修风格。

《吸血鬼日记》中男主角的那栋老房子充满了古老的吸血鬼家族的贵族气质；《绯闻女孩》中各位名媛的贵族家庭，潮流奢华，每一个都有自己的风格；《欲望都市》里，凯莉的单身公寓中，让很多女生向往的是那个巨型的衣帽间；《生活大爆炸》里，谢尔顿和他的朋友们大部分时间都集中在那间美式波希米亚元素风混搭的舒适小公寓。而这些房屋设计不过是美式装修风格的冰山一角。在美国，像这种集美观与实用价值于一体的房子坐落在每个城市的不同角落。

美国是一个崇尚自由的国家，这造就了其自在、随意、不羁的生活方式。没有太多造作的修饰与约束，不经意间却成就了另外一种休闲式的浪漫。如果你喜欢美式装修风格，只要合理搭配美式元素，就可以很容易抓住美式风格的精髓。

1.10.1　美式元素之经典美式家具

美式家具讲究色彩搭配的合理性，如果卧室的床为暖色调的棕色，那么卧室的主色调宜搭配蓝色、红色或者土黄色。这样的色彩搭配更能体现出主人的品位。以谢尔顿的卧室为例，经典的深色美式木床，床头柜则和储物柜呼应。

在布局上，美式家具强调自然摆放。以客厅沙发为例，打破传统的"1+2+3 人座"的摆放方式，主张自由搭配，可以选择三人或两人位，另外搭配主人椅和休闲茶几，或者是个性的单椅，会让整个家显得与众不同。

美式家具承袭欧洲移民文化，因此在造型上保留了一些传统的痕迹。酷爱做旧工艺的美国人更喜欢有历史感的家具，风蚀、喷损、锉刀痕、马尾、蚯蚓痕等，都是美式古典家具经常使用的手法。

涂抹的油漆也多为暗淡的亚光色。原始、自然、纯朴的色彩，给人一种贵而不露的感觉。相对于欧式，美式风格更随性慵懒，对应的家具上的雕花更加简洁。

对应的家具上的雕花也会更加简洁

1.10.2　美式元素之风扇吊灯

墙色带点米黄色或者青色，装白色百叶窗，铺地毯，用风扇吊灯，符合以上四项之三者，必定是北美住宅。这里最值得借鉴的元素除了刷墙色就是风扇吊灯，毕竟 10 个美式房子里有 9 个都有风扇吊灯。

1.10.3　美式元素之壁炉

在美式客厅中，壁炉是不可缺少的元素。除了提供取暖的实际功能外，还是传统美式文化的延续。更重要的是在冬天时，圣诞老人要来造访，从最美的壁炉里走出来，为小朋友带来神秘礼物。不过壁炉在中国的实用价值不高。

1.10.4　美式元素之装饰画

装饰画也是美式风格的重要元素，但是要和北欧风格中的装饰画区分开。北欧风格的装饰画特点是黑白细框配上不知所云的抽象图案，然后大大小小混合着挂。而在美式装饰画中，则常见色调统一、格式一致的联画，画面铺满整个实木画框。花卉、几何图形都是常见的画面主题。

1.11
北欧风格的精髓，原来是这样的

两次世界大战之间，地处北欧的斯堪的

纳维亚在设计领域中崛起。二战后北欧设计获得了难以匹敌的国际影响力。北欧风格与浓妆艳抹的形式主义不同，它简洁实用，力求在形式和功能上达到统一。比如设计一把椅子，不仅要求它的造型美，更注重从人体结构出发，使其与人体协调，提升舒适度。

北欧风格的居家空间色调上以浅色系为主，如米色、白色、浅木色，常常以白色为主调，使用鲜艳的纯色作为点缀，或者以黑白两色为主调，不加入其他任何颜色。

在空间处理方面，最大限度引入自然光，没有硬装隔断的功能区，例如使用简约一体化的开放式厨房。

木材是北欧风格装修的灵魂。北欧的建筑都以尖顶、坡顶为主，一般强调室内空间宽敞，内外通透。室内可见原木制成的梁、檩等建筑构件。这种风格应用在我们平顶的楼房中，就演变成一种纯装饰性的木质构件——假梁。

北欧风格常用的装饰材料还有石材、玻璃和铁艺等。在窗帘、地毯、沙发等软装搭配上，偏好棉麻等天然材质，并无一例外地保留这些材质的原始质感。

1.12

北欧风格实拍，"种草"一组温暖配色

现在的生活节奏越来越快，因此舒适自然的家装风格越来越受欢迎。本节为大家展示由上海正聚装饰设计师黎明提供的实拍案例。这是一套简约质朴、清新活泼的北欧风格作品。丰富的配色让人眼前一亮。

户型是 2 室 2 厅 1 厨 1 卫的结构。

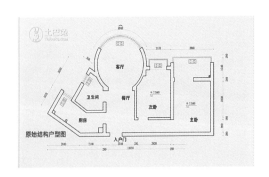

与常规的方正户型不同，这套户型在客厅部分有一个圆形的大落窗，采光条件特别好。

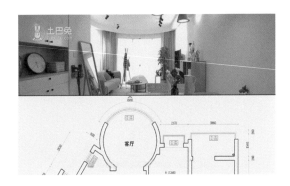

户型的不足之处在于卫生间门面对餐厅，会对餐厅区域造成干扰。此外，厨房的利用不够合理。

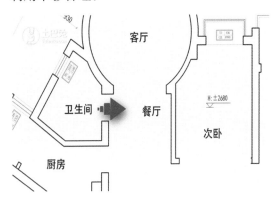

总体来说户型不错，所以设计师在户型调整方面没有做太大的改动，把客厅一半的弧形墙体做平后，客餐厅的空间变得更加宽敞。

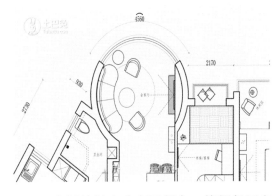

卫生间的门也改变了朝向，使得餐厅空间变得完整。移动厨房的局部墙体，用内嵌

式柜子来增加厨房的储物空间。次卧的墙体同样也采用内嵌柜子,以此解决储物空间不足的问题。

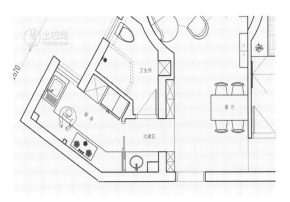

客餐厅空间的基调色是米色和白色,入户这一面鹅黄色的墙体,点亮了整个空间。家具选用木色和白色,形成清新自然的感觉。软装配色是用粉色、蓝色、黄色的几个跳色做搭配。在灯具的颜色上也是用灰度变化后的跳色,营造活泼、跃动的空间氛围。

光线从白色的窗帘洒进来,整个客厅变得非常柔和,又带着一丝清爽的感觉。木质地板冬暖夏凉,走起路来也比较舒服。暖黄色的灯光照在原木色的地板上,十分温暖。女主人经常会去国外出差工作,也会带回来各种特色装饰品,提升了整个空间的品质。

厨房延续了白色和原木色的搭配,从卫生间墙面借过来的空间放置了烤箱和微波炉,操作十分方便。墙面用复古的小方砖,而地面则是花砖铺贴,显得活泼轻快又热情。

主卧空间的主色调为蓝色，给人一种清新舒适的感觉。木质家具给人带来温馨的感受，无主灯的设计又增添了一份宁静。粉色的床品和亮色抱枕，从色彩上让人感觉很温暖。台灯也是小清新的感觉，使卧室的视觉感和层次感加深。

主卧外的阳台，分隔出了洗衣房和休闲区。休闲区放置的沙发可以用来阅读、晒太阳或者聊天，是年轻的夫妻二人休息放松的好地方。

从这套作品中我们可以总结出北欧风格的配色有以下特点：

① 浅色调和原木色搭配让人感觉舒适；

② 室内的顶、墙、地三个面，只用线条和色块来区分点缀；

③ 大面积低饱和度的黄色、蓝色、粉色、灰色加入到设计中，打破整体的单调和沉闷；

④ 明亮的颜色作为点缀进行调节，让家居瞬间明快、生动起来。

想尝试北欧风格的朋友，不妨试试这些配色。

1.13
给你的家添一抹蓝，1 分钟了解地中海风格

地中海风格是指地中海沿岸地区居民的建筑风格。随着地中海周边城市的发展，内陆地区开始接受地中海风格建筑，该风格也被部分设计师延伸到室内设计。其明亮的色彩、蓝白调的浪漫氛围，使地中海风格逐渐流行并发展，形成了一种带有独特海边气质的室内装修风格。

1.13.1 地中海风格的空间

地中海风格非常讲究空间的开放性和通透感。常见形式有拱形门洞、马蹄状门窗、壁龛等。墙体的流畅线条进一步加强了空间的延展性。

1.13.2 地中海风格的色彩

地中海风格崇尚自然，重视将自然色彩融入室内环境，比如常见的蓝白调，就借鉴

了海的蔚蓝色和沙滩的白色。局部加入了沙漠的土黄色或岩石的红褐色，使色调冷中有暖，不会过于冰冷，营造出一种浪漫安逸的色彩氛围。

1.13.3　地中海风格的材质

地中海风格大量使用原木、石材等天然材质，地面采用马赛克瓷砖等仿天然纹理材质，使家居环境更加贴近自然。

1.13.4　地中海风格的软装

软装偏田园质感，一般选用实木家具、棉麻质地的沙发和窗帘。装饰品为铁艺或陶艺，并用花卉绿植加以点缀，充满朴素而温

馨的生活气息。

1.14
浪漫法式装修风格，带给您不一样的想象

法国是浪漫的代名词，不仅有浪漫之都巴黎，其经典的凯旋门、凡尔赛宫和卢浮宫等建筑也持续地散发着古典的浪漫气息。由法式建筑风格延伸出的法式装修风格，将法式浪漫转化为具体的室内设计形式，获得了众多的关注和喜爱。

法式风格是古典浪漫情怀与现代生活的结合，追求华贵典雅的同时，又不失舒适

感。空间布局开阔，讲究轴线的对称，整体造型庄重大气。不论是硬装还是软装，法式风格都非常重视细节，装饰风格线条鲜明，凹凸有致。

地面多用天然石材或仿古砖，墙面采用法式廊柱的雕花和线条进行装饰。选用木质家具，并在有弧度的地方如扶手或椅腿等部位雕刻精美的花纹，搭配造型复杂的吊灯，力求营造奢华却不失浪漫和典雅的家居氛围。

法式风格通常以白色、米黄色、深棕为主色调，融入少量金色，在高贵的同时增加了内敛气质，也使整个室内环境看起来更加通透开放。

1.15
东南亚风格，把异域风情带回家

说到东南亚，人们就会想到阳光、沙滩、比基尼，去普吉岛度假，晒太阳，吹海风，吃榴莲。喜欢东南亚的朋友有没有想过把热情的东南亚元素融入装修中，这样就可以每天"度假"了。

东南亚风格的家居装修，以热带雨林浓郁的民族特色风靡世界。有人称东南亚风格为"绚丽的自然主义"，可以说非常恰当。东南亚风格有哪些经典元素呢？

1.15.1 自然取材

自然取材是东南亚风格的最大特点。由于地处多雨富饶的热带，东南亚家具大多就地取材，实木、藤、竹、麻等成为东南亚室内装修的首选。藤椅、藤敦子、藤茶几、藤制的脏衣篓，兼具实用性与自然之美。

另外，竹制品也是东南亚风格中十分常见的，比如在餐厅挂个竹编灯，再搭配形态各异的藤式墙面装饰，处处透露着手工艺的精巧，又能避免同质的乏味，轻松营造出热带雨林风情。

1.15.2　绚丽色彩

东南亚地处热带，气候闷热潮湿。为了避免空间的沉闷压抑，在装饰颜色上，多采用斑斓的色彩冲破视觉的沉闷，这一点与简约风和工业风形成鲜明的对比。

在客厅和卧室，运用抱枕是最容易达到效果的。在沙发上或床上，摆上各种颜色艳丽并且具有当地民族特色的抱枕，就能营造出东南亚风格的多彩华丽之感。

1.15.3　特色饰品

东南亚装修风格非常具有民族特色。受宗教传统影响，饰品的形状和图案也多和宗教、神话相关。比如印花瓷器、大象摆件、铜质或镀金的小佛像等，既有民族特色，又透露着异域情调，可以充分体现出东南亚风情。

1.15.4　阔叶绿植

在绿植上，东南亚风格更多选用的是阔叶植物，如芭蕉叶、天堂鸟、龟背竹等。虽然在北欧风格中它们已经占有一席之地，但是这些植物同样带有浓郁的热带风情。有条件的话也可以采用水池莲花的搭配，更加亲近自然。

东南亚风格装修整体带有民族特色，沉稳而艳丽，饰品精致、富有禅意，给人一种自然清新的感觉，比较适合喜欢安逸生活，平时对民族风情饰品较为钟情的业主。

1.16
如何选择适合自己的装修风格

在前面的内容中，我们欣赏到了很多不同类型的装修风格，你是否找到了自己喜欢的风格？那么如何选择合适自己的装修风格呢？

1.16.1 按预算选择风格

首先需要了解的是，决定装修成本的主要因素有两个，一是设计的复杂程度，二是材料的性价比。

如果装修预算在 10 万元以下，则推荐选择现代简约风、北欧风等一些较为简单的风格。虽然都说简约不简单，但是不可否认的是，简约风格的设计、施工和造型都不复杂，使用的材料性价比也较高。所以当大家决定经济实惠装修时，现代简约风格一定是首选。

如果预算在 10 万～ 20 万元之间，则可以选择东南亚风格、地中海风格、田园风格等。欧式田园、地中海、东南亚等风格，造型比现代简约风格略复杂，软装更重要，价格比较高，所以整体造价要比简约风格高一些。

如果预算较高，在 20 万元以上，就可以有更多的选择了，中式、欧式、混搭任你挑选。这三种风格中，中式和欧式风格比较讲究韵味、优雅与大气，硬装、软装均造价不菲。而混搭则可以将家人不同的喜好融合，屋随心动，前提是要设计搭配得好。所以混搭也非常考验业主和设计师的审美及耐心。

1.16.2 按面积选风格

房屋面积不同，适合的装修风格也会不同。现代简约风格、北欧风格、日式田园风格、地中海风格，都比较适合小户型装修。这些风格比较清新简约，没有复杂的造型，不会显得冗杂拥挤。

$80 \sim 90m^2$ 的中等户型，其装修风格的选择空间就相对大一些了。基本各种类型的装修风格都能在中等户型中找到自己的位置。

而欧式、中式、美式等风格比较适合大户型。这几种风格的特点就是比较大气浑厚，如果在小户型里面恐怕会施展不开。

1.16.3　按人群选风格

不同阶段或职业的人群，适合不同的装修风格。如果是新婚夫妻用作婚房的话，比较适合的风格有简欧风格、新中式风格、地中海风格、田园风格、混搭风格。两个人可以综合考量户型、预算、喜好之后做出决定。

而对于工作繁忙的职场白领来说，现代简约风可以省去很多做家务的时间。如果想要更有情调，也可以选择北欧、地中海、田园等风格。

有孩子的家庭可以选择色彩缤纷跳跃的风格，有助于开发宝宝的想象力。

家里有老人的，则可以选择比较沉稳的装修风格，比如中式风格、日式风格。

第2章

毛坯收房验收

2.1
购买新房后的收房流程

从开盘交定金到拿到钥匙是一个很漫长的过程，要等到开发商交房，自己收房完毕，才算是真正拥有这个房子。如果在收房的过程中，该确认的、该验收的事项没有处理好，一旦办完了，再发现问题，开发商多半就不再负责了。那么如何收房？收房需要准备哪些资料，又要缴纳哪些费用呢？

收房流程及注意事项

准备工作
- 收到通知书 · 注意通知书上的日期，按时收房
- 准备材料 · 购房合同/贷款合同/还款单据/身份证/照片/收楼通知书
- 准备验收工具 · 卷尺/空鼓锤/水平仪/验电器/水压表/直角检测尺等

收房流程
- 核验资料 → 验房 有问题书面验收 → 确认面积误差,结算房款 → 领钥匙
- 入住交接 → 办理产权 → 签物业协议,交物业费

完成

2.1.1 收房准备工作

首先，一定要看清收房通知书上的日期，一般要在开发商寄出收房通知书后的30

天内按时收房，避免麻烦。

其次，要准备好需要携带的材料，包括原购房合同、各期还款单据，如果是按揭购房的，还需要带上银行贷款合同，以及业主本人的身份证、常住人员照片、收楼通知书等，同时再次研读购房合同中关于交房的各项权益，做到收房时心中有数。可以自备一些验房小工具，验房现场都可以用到。如果心里没底的话，就参与集体收房，可以团结起来共同维权，也更容易得到重视。

2.1.2 收房流程

一般来说，正常的收房需要持续2～3小时，千万不要图省事，随便签字，该走的流程一个都不能少。

首先，到收房现场后，双方需要互相核验资料。业主需要出示的就是上面收房准备工作中提到的资料，而开发商交房需要出示的是建设工程质量认定证书，这是房屋通过有关部门质量验收的一个凭证。

另外，开发商还必须向收房业主提供住宅使用说明书、住宅质量保证书、房地产开发建设项目竣工综合验收合格证和竣工验收备案表，简称"三书一证一表"。

2.1.3　验房

接下来就是验房，若业主在验房中发现问题，就要在交房验收意见表上备注清楚。如果不能够在 15 天内解决，双方应当就解决方案和期限达成书面协议。由于合同上的款项是根据房屋的预测面积来计算的，而实际面积和预测面积会有差距，开发商会出具当地政府的数据和房屋建筑面积测量报告，业主在确认面积误差之后，按合同约定来结算剩余款项。

2.1.4　领取新房钥匙

领取钥匙，签署住宅钥匙收到书，与物业公司签署物业协议，并缴纳物业费，向其索要发票或盖章确认的收据。这里需要注意的是，物业的费用是从开发商交房之日算起的，并不是业主的收房完毕时间。

如果委托开发商办理产权证，那就由开发商代收契税和房屋产权登记费，业主也可以选择自行办理。最后业主签署入住交接单，这样就完成了收房流程。

2.2
毛坯房验收四大要点，教你避开新房里的那些"坑"

毛坯房是指除了入户门外，屋内只有门洞，没有门，墙面、地面、顶面仅做基础处理而未做表面处理的房子。毛坯房验收有四大重点：基层、水电、门窗、防水。

2.2.1　基层

墙面、地面、顶面应该做到表面平整无开裂、空鼓、起砂、露筋、返碱的现象，且阴阳角线平直，测空鼓可以用小锤子敲打一下表面，通过声音进行判别。

2.2.2　水电

水路验收主要是给排水检验，确保水路通畅。电路验收检查线路的合理性，确保满足电器的用电需求，且每个开关插座都能够正常使用。

2.2.3 门窗

门窗应安装牢固，打开和关闭顺畅无阻力，窗户之间的密闭性好，没有松动外露的现象，做到正常防水、隔声和保暖。

有人会问，验收完成后，毛坯房可以直接入住吗？当然不行，至少还要通好水电，做卫生间和厨房的防水地漏，并安装必要的生活设备，比如马桶、水槽等，以及购置简单家具。做到这些才具备最基本的入住条件。

2.2.4 防水

潮湿区域，如厨房、洗手间、阳台的地面闭水测试后应无渗水现象。

第 3 章

选择装修方式

3.1
清包、半包、全包，怎么选才能不吃亏

3.1.1 全包

全包简单来说就是设计、材料、施工、软装、家具，全部由装修公司提供，自己做"甩手掌柜"。听起来好像省心又实惠，可实际情况是设计师不能根据业主家的情况自由发挥，有固定的设计模板，没有什么设计可言，材料经常以次充好，装修期间可能有增项，花钱花到流泪。

那为什么还有人会选择全包呢？原因主要有两点。首先是没时间，其次是很多人第一次做装修，缺乏实战经验，自己去买材料很可能被骗。

如果决定选择全包的话，一定要保证以下三点：

① 装修资金充裕；

② 充分调研，选择口碑有保证的装修公司；

③ 有能力把关装修合同。

3.1.2 半包

半包是大部分人的选择，由装修公司负责设计、辅材、施工，主材由业主自行购买。

主材是指装修中的成品材料、饰面材料及部分功能材料，如地板、瓷砖、洁具、橱柜、门、灯具等。

辅材是指装修中要用到的辅助材料，如板材、龙骨、水泥、沙子、砖头、防水材料、水暖管件等。

所以大部分业主选择半包，主要是因为主材可以自行把控，品牌和质量看得见，不用担心以次充好。如果满足下面情况的话，可以选择半包。

① 对品牌和质量要求高。

② 对装修有一定程度的了解。

③ 有时间去工地上监工。

3.1.3 清包

清包是自己最有主动权的一种方式，从设计、选材、验收全部自行完成，施工队只负责施工。这样对设计、施工、软装自己心里都有数，采取这种装修方式，将避免中间商赚差价，能够省下不少钱。

当然要做到真正的省钱，也没那么简单。首先要有足够丰富的经验，至少要装修过房子，同时具备专业的装修知识。其次要找到靠谱并愿意接手的施工队，毕竟清包的利润空间极小，很多装修公司不愿意承接。

这里给大家提供一个好方法，可以去新小区转一转，看看哪家正在装修，找到施工队队长。这样的施工队一般都愿意做清包。

如果想选择清包，一定要做好这些准备：

① 对施工材料等方面有充分的了解；

② 做好要投入大量时间和精力、到处奔波的准备；

③ 自己找的施工队没有合同，要做好售后没有保障的准备。

大家可以根据自己的实际情况，来选择最适合自己的装修模式。

3.2
什么是硬装，硬装阶段有哪些施工环节

硬装就是房屋硬件设施的施工，包括拆改、水电、泥木、油漆、竣工五大环节，硬装环节完成之后才能进行软装装饰。

（1）第 1 步：结构拆改

根据设计需要拆改墙体，从而改变房屋格局。

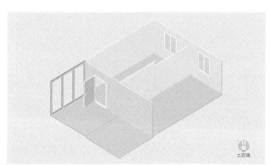

（2）第 2 步：水电改造

根据用水用电需要，开槽铺设电管、水管及电线回路。这里是装修"大坑"，要注意控制预算。

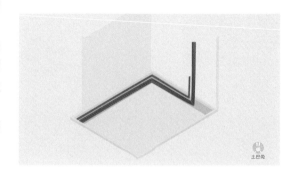

（3）第 3 步：泥木工程

泥工包括做防水、铺墙砖和地砖；木工包括吊顶、柜子等。泥木工程阶段历时最久，工序最复杂，注意做好工程量核对。

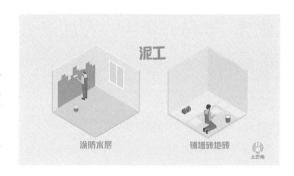

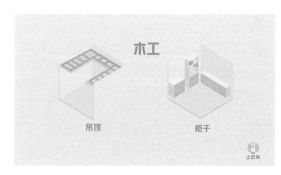

（4）第 4 步：油漆工程

油漆工程包括墙面上漆和木作家具上漆。

墙面上漆　　木作家具上漆

（5）第5步：竣工安装

施工现场完工，并进行橱柜、水龙头、地板等基础设备的安装。

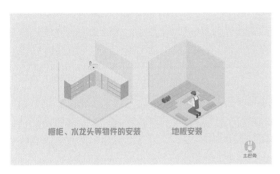

橱柜、水龙头等物件的安装　　地板安装

至此硬装完成，房子已经实现基本的居住功能，再添加家具饰品就能住得更舒服了。硬装花费占到整个装修费用的近一半，而且硬装关系到居住的安全性和舒适性，后期不宜改变，所以硬装阶段一定要注意把控好预算和施工质量。

3.3
什么是软装，软装五类必备元素

软装通常在硬装施工完成之后进行。装修完之后通过买家具、选窗帘、采购床上用品等来布置新家，其实就是软装的内容。常用到的软装元素可以分为家具、灯具、布艺织物、饰品、花艺绿植5大类。

（1）家具

如玄关要用的玄关柜，客厅要用的沙发、茶几、扶手椅，餐厅要用的餐桌椅，卧室要用的床、衣柜等。

（2）灯具

包括吊灯、射灯、壁灯、台灯、落地灯等，最好列一个详细的灯具清单。

（3）布艺织物

包括窗帘、床上用品、地毯、抱枕、桌布、桌旗等。其中抱枕在客厅、卧室、飘窗都有可能用到。

（4）饰品

一般分为挂件和摆件，包括挂画、照片墙、挂毯、工艺品、摆件、陶瓷摆件、相框等。

（5）花艺绿植

包括绿化植物、盆景园艺、装饰花艺以及花盆等。

软装元素种类繁多，涉及各个空间，最好按照5大类目列一个软装清单，并细化到各个产品的尺寸和种类。

为了更好的软装搭配效果，家具最好选择较为统一的风格，灯光要注意明暗配合，饰品尽量挑选式样格调较为一致的，软装色彩选择上注意冷暖有度。色彩搭配比例最好背景色占60%，搭配色占30%，点缀色占10%，这样更容易出彩。

3.4
装修主材大扫盲，避免用到假材料

装修时，很多业主都会担心遇到偷工减料或者是用到假材料。要避免这种情况的出现，首先就要认识一下装修材料，一类叫主材，另外一类叫辅材。买来之后不需要再去加工，安装上就能用的材料，称为主材。主材包含：橱柜、洁具、地板、瓷砖、门、吊顶、开关插座、龙头花洒等。

（1）橱柜

作为家庭中使用频次较高的橱柜，前面已经为大家详细介绍过了，这里只提一点大家比较容易忽视的，就是与设计师的沟通，了解家人的需求是什么，对于厨房的要求是什么，例如家人的身高和烹饪习惯等，这样才方便设计师为你量体裁衣。

（2）洁具

洁具主要包括浴室柜、水槽、马桶，还有龙头花洒。马桶要怎么挑选？可以把马桶的水箱盖掀开，看一下它的背面。如果你发现上面有很多细小的孔隙，就说明胚体的质量是很差的，这款马桶基本上就可以淘汰了。

有很多业主反馈，马桶用久了之后，会出现一条黄黄的水渍。实际上大的品牌是用高温 1260℃烧制的，表面很致密，耐污性很好。但一些小的品牌为了压缩成本或者工艺达不到，就用低温 700～900℃烧制，这就使釉面不够致密，脏东西容易进去，因而会出现黄黄的水渍。

（3）瓷砖、地板

瓷砖主要分五类：抛光砖、抛釉砖、通体砖、玻化砖、马赛克。

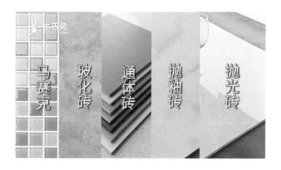

家里最常用的两种是抛釉砖和抛光砖。抛光砖优点是价格比较便宜、耐磨性很好；抛釉砖优点是花色比较多，而且清洁起来比较容易，但是耐磨性不如抛光砖。

地板主要有三类，分别是实木地板、多层实木地板和强化复合地板，此外还有竹木地板和软木地板，但这两种不太常用。

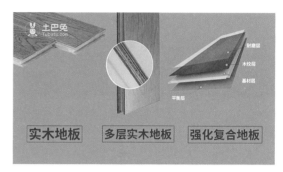

（4）门

门主要分为三类：实木门、复合实木门和模压木门。实木门纹理很自然，隔声效果很好，但造价相对来说比较贵。复合实木门价格比较适中，不易变形。模压木门跟前两者相比，价格更加经济实惠，受到很多中等收入家庭的青睐。

（5）吊顶、开关插座

吊顶就是家里天花板的装修，它有保温、隔声和隔热的作用，还可以美化家里的居住环境。

（6）开关插座

插座的好坏直接影响家里的用电安全。劣质的插座可能会导致火灾和触电的发生，所以建议大家用 PC 材料制成的插座，它的绝缘性和安全性都很好。

3.5
装修辅材

辅材是装修的基础，只有打好基础，才能锦上添花。

（1）辅材的分类

对应各个装修阶段，辅材可分为 4 大类。

① 水电工辅材，包括水管、线管、电线以及相关配件。

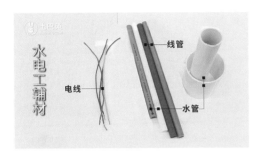

② 泥工辅材，包括水泥、沙子以及防水材料。

③ 木工辅材，主要包括木板、龙骨、胶水、钉子、铰链、滑轨。

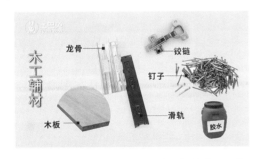

④ 油漆工辅材，包括各种胶水、腻子、石膏粉、牛皮砂纸、白乳胶等。

（2）水管与防水材料

水管有给水管和排水管之分，给水管又有冷热水管之分。冷水管直径 25mm，壁厚 2.3mm。热水管直径 30mm，壁厚 2.8mm。

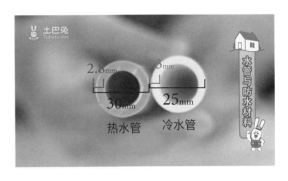

好的管材，管壁都比较厚，文字标示清晰，做工精细，承压能力强。热水管的各项性能都强于冷水管，所以条件允许的话全部使用热水管也是可以的。

排水管的直径一般有 50mm 和 110mm，排污怕堵，所以直径比较大。

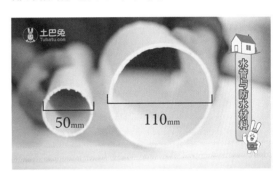

其实水管接口的材料也很重要，用水高峰期时水压增大，如果接口不牢固就会漏水。

说到漏水就不得不提防水材料，防水要做好，工艺很重要，尤其是涂料。劣质的防水涂料，不仅气味难闻，不易挥发，而且容易开裂。目前市场上的防水涂料分为两种，一种是刚性的水泥砂浆类，一桶四五百元钱；另一种是柔性的丙烯酸酯类，七八百元钱一桶。柔性涂料的效果会更好一些，建议大家卫生间的地面可以选用柔性涂料。因为地面会长期存水，而且面积比较小。

墙面则可以使用刚性涂料，因为墙面的面积比较大，而且主要是防潮的功能。这样刚柔结合省钱省心。

（3）电线

如今家庭装修，电线必须要使用阻燃铜芯软线 ZC-BV。

一般厨房、卫生间的电线及空调等大功率电器，都必须使用 4 平方的专线。普通的插座使用 2.5 平方就可以。这里的平方指的是电线的横截面积是多少平方毫米，面积越大，通过的电流就越大，当然可承载的功率也就更大了。

如何判断电线质量好坏呢？第一要看绝缘皮是否均匀，第二要看它的含铜量。含铜量高的电线芯电阻小，发热量少，导电效果好，而且颜色鲜亮。而含铜量低的电线芯则反之，并且因为有杂质，所以颜色发乌。另外还有一点就是含铜量高的电线芯比较软，含铜量低的则韧性比较差，稍微一折就会断。线管最好也能强弱电分色，后续装修时一目了然，也便于检修。

（4）石膏、腻子、板材

石膏和腻子都是用来墙面找平的，好的石膏颗粒粗、均匀；颗粒细腻的石膏质量

反而是不好的，因为它的抗裂性差，黏结力弱，容易出现空鼓、掉粉和开裂。

石膏找平之后，紧接着就是刮腻子。一定要用耐水腻子，否则在空气潮湿的情况下就容易出现鼓包和脱落。

板材在家装中主要用于柜子、电视背景墙、吊顶打底等，最重要的是承重性和环保性。它的分类有很多。

3.6
什么是全屋定制，1 分钟了解这些流程

全屋定制是根据客户需求为整个房屋设计定制并安装全套家具。一般包括整体衣柜、整体橱柜、衣帽间、榻榻米等，整体家具部分服务也涉及软装定制。

那全屋定制都需要做些什么呢？

（1）上门量房

设计师会测量房子的基本尺寸，同时对客户的需求和喜好进行了解，并给出预估报价。

（2）设计方案

设计师结合房屋尺寸、生活习性、风格喜好、材料等因素提交设计方案。经过沟通和修改，直到客户满意为止。

（3）下单生产

方案确认后，定制公司开始下单给家具厂商。生产时间一般为 15 ～ 45 天不等。

（4）配送安装

家具制作好后，定制公司负责将其配送到客户家中并进行安装。

（5）验收竣工

安装完成后，客户自己验收或委托专业质检验收，确认没问题后交付尾款。

全屋定制市场，没有一套统一的规范，有些没有设计能力或虚假报价的定制公司企图浑水摸鱼、牟取暴利。建议消费者在签订合同前多对比几家公司，选择信誉更好的品牌购买定制服务。

3.7
如何选择餐厨一体化的全屋定制产品

如果家里厨房小，餐厅也小，那么只要打通一面墙，就能同时拥有宽敞的厨房和餐厅，大小户型都适合。

我们一起来看看餐厨一体化的好处。

（1）空间利用效率高

餐厨一体化的形式很适合小户型，因为小户型面积有限。一旦用实体墙把餐厅和厨房划分开，无论是做饭还是吃饭，都会感到很压抑。打通墙面就能大大提高空间的利用率，解决空间不足的问题。

（2）动线更灵活

餐厨一体化的设计，餐桌更贴近厨房，

摘菜、洗菜、放盘等工作都可以在餐桌上完成。做好的菜肴能立即端上餐桌，更好地节省了灶台空间。

（3）让烹饪更有趣

传统的厨房设计让厨房空间过于狭窄，只容得下一个人。餐厨一体化的设计能提供充足的空间，让家人坐在餐桌边聊天边帮忙，从此烹饪更加有乐趣。

（4）餐厨一体化的类型

① 吧台式餐厨设计——最节省空间的选择。

如果家庭成员不多，又不需要经常招待客人，这样一个吧台就足够了，能足足省出一张餐桌的空间来。比较适合中小户型的厨房，方便时尚，形式可以灵活多变。可在橱柜的一侧设置一排，或是围绕橱柜边缘。只要设计得当，用餐体验丝毫不比传统餐桌差。

② 岛台式餐厨设计——"高颜值党"的必选。

岛台式餐厨设计，一般来说比较适合大

户型。在中心位置做一个岛台，在岛台的一侧设置餐桌，在满足日常就餐功能的同时还能带来更多收纳空间。但是岛台式餐厨并不只是大户型的专利，小户型也可以根据空间形式设计一个"缩小版"的岛台，同样美观实用。

③ 餐桌式餐厨设计——中西结合的方案。

岛台＋餐桌设计是一种比较适合大空间的餐厨一体化设计。往往是 U 型布局的厨房，或者是 I 型布局的厨房，可以在中心位置做一个岛台，在岛台的一侧设置餐桌，用于就餐的同时，还能带来更多收纳空间。大户型甚至可以把炒菜的中厨单独用玻璃门隔开，即避免了油烟味，还能有西厨做烘焙的空间。

④ 卡座式餐厨设计——小户型餐厨的救星。

卡座也是一个很省空间的设置，利用边边角角的空间做成卡座，用餐时远望窗外，心情都会变好。

无论大小户型，都可以做餐厨一体化的设计。小户型家庭可以节约空间，大户型家庭能把空间规划得更加和谐统一。

3.8
挑选靠谱装修公司一定要注意这几步

装修工作千头万绪，从硬装、水电、泥木工到软装、入住，虽然只需要几个月或者半年的时间，但是却是一个相当浩大的工程。它的质量直接决定着生活质量，如何找一家靠谱的装修公司为我们代劳呢？

3.8.1 查看装修公司资质

把装修公司的底摸清楚。正规装修公司都有工商行政管理部门颁发的营业执照、建设行政主管部门核发的建筑业企业资质证书。营业执照看原件，合同必须是建筑部门和工商行政管理部门联合制定的正规合同；公司名称、合同承包方的名称必须和营业执照上的一致。熟人介绍的手写收据一定要警惕。

3.8.2　验工地

装修公司说得再天花乱坠，都不如自己去在建工地看看实际的施工情况。

首先看现场是否干净，有没有乱扔垃圾，是否清理过。

其次，看材料质量和装修工艺。只给你看水电，就说工艺好，其实是一种忽悠。泥工、漆工、木工做得好，才是真功夫。建议找个专业监理陪同，因为一般人没有长期经验积累，看的都是皮毛。

3.8.3　查看报价单

前期报价单不详细，后期增项多，就会导致装修超预算，所以报价单齐全是一个靠谱装修公司的责任体现。比如吊顶，报价单上必须写明吊顶的材料、品牌、用量、单价、配件数量、人工等每一项。有的装修公司会放在一起写总量，但是最好是将项目细分，避免猫儿腻和增项。

除了上述这些，还有以下两个渠道可以了解你看中的装修公司是否靠谱。

① 咨询身边已经装修过的人，打听你看中的装修公司怎么样，装修质量是否合格，后期增项是否严重，售后服务好不好。

② 打开网站查看装修公司的口碑值、好评度，以及业主真实装修日记，就可以看到过来人是如何装修的。

最后提醒大家几点装修公司常见的营销陷阱。

（1）套餐价格陷阱

大部分装修公司都提供全包套餐服务，但是如果碰上 299 元 /m²、499 元 /m²，这些明显低于市场价格的，请自动过滤掉，没有一个公司愿意做赔本买卖。

（2）设计师的套路

如果设计师跟你聊了半天，完全不问你家里的常住人口和生活习惯，没看任何户型图就和你大谈装修风格，或者上来就向你推荐某种材料，那就直接淘汰了。真正专业的设计师会懂得你的需要、需求以及装修的预算，会根据你的实际情况选用材料，而不是只选贵的，不选对的。

第 4 章

室内装修流程早知道

4.1
新房装修有哪些流程

第一步，准备工作。业主可以事先通过浏览装修案例和效果图，明确自己喜欢的装修风格。通常一个好的设计师可以帮助你更合理地规划家里的空间。

第二步，量房。明确装修所需要设计的面积，比如地板面积，墙面漆面积等。从而确定设计图纸和施工报价。

第三步，购买材料。材料是家装费用中支出最大的部分。为了不被坑，在和装修公司签订合同时，应当明确装修材料的型号和规格，越详细越好。

第四步，施工。施工分为硬装和软装，硬装也就是基础装修。大体分为四个步骤，水电施工、泥工施工、木工施工和油漆施工。

硬装结束后，就进入主材安装阶段，涵盖了橱柜门、地板等的安装。

主材安装结束之后就可以安排家具进场，并进行后续的软装搭配。总体来说，装修是一场持久战，需要在时间和预算上做好充分准备。

4.2
装修全攻略，看完再装不吃亏

很多业主在拿到新房以后都特别兴奋，好不容易买了房，但是面对接下来的装修，却不知道该从何入手。这一节我们就来说说装修的流程，业主需要做些什么。

业主要根据自己的财力、精力确定装修的形式是全包、半包还是清包。然后去挑选一个好的装修公司和工长。前期可以多约几家进行对比，他们会上门量房，然后根据你的实际需求给出一份平面布置图和预算报价。多方对比一下，就会知道哪家装修公司更能满足你内心的需求，谈妥就签约。

平面布置图

如果想要尽快入住，那么签合同以后务必要去逛家居建材市场。有一些材料家具的定制、配送、安装需要一定的周期，如果等到安装的时候才确定，那工期就得延长。前期做水电定位的时候，也需要知道一些常用家具的尺寸和款式。这样插座、水龙头才不会跟家具的位置发生冲突，才能保证方便实用。

定好材料也不代表能立刻开工。开工前，需要到物业管理处办理施工许可证和工人出入证等手续。

施工图纸给物业管理处审核，以防乱拆或者违建危害公共安全。另外还要缴纳装修押金、垃圾清运费。这些准备工作做足才能愉快地开启装修之旅。

装修之旅的第一步是交底。业主、设计师还有工长都要到场，三方对房屋的基本情况、施工方向进行确认。哪个地方要拆，哪个地方要保留，都交代清楚，然后工人就可以开始施工了。拆改完成以后就进入水电阶段。

水电深埋在地下，如果没做好的话就等于埋了个定时炸弹，而且整改相当费事。

所以前期的水电定位尤其重要。比较

特殊的是橱柜的水电定位，因为会涉及油烟机、水槽、下水管等。这些东西都会影响后期橱柜的制作安装，所以要请专门的橱柜设计师来做。

定好位后，工人就能弹线开槽进行水电线管布置了。这里要提醒业主，门窗虽然不急着安装，但是制作需要一定周期。

所以在弹好线后，就让门窗厂家上门，根据参考线确定门窗的位置尺寸，提前开始制作。考大家一个小知识：防水属于水电工程吗？相信很多人都会认为是，不要以为带个水字就是水电工程了，它其实是在水电封槽完工以后进行的，就是在厨房、阳台、卫生间等容易潮湿的地方涂抹防水材料，所以它应该属于泥木工程。

防水做完以后就进入瓦工、木工、油工阶段。瓦工、木工、油工就是贴瓦片、瓷砖，做木工吊顶，刷油漆。这三个项目虽然持续时间比较长，但是需要操心的事儿并不多，只需要督促瓷砖、板材及时到场，然后看看需不需要补货换货，并提前预约橱柜设计师在贴完砖后上门测量定做橱柜。

接下来就是安装工程。小到五金配件、开关面板，大到集成吊顶、厨具、洁具等，都是在这个阶段同步安装。如果家里要铺设木地板的话，为了防止被油漆弄脏以及施工中的各种磕碰，最好也在这个阶段进行安装。当所有东西都安装完成，房子就基本成型。

整体清扫一遍，把之前订购的大件家具搬进来，保持通风一段时间，再选个适合的日子就能安心入住了。

4.3

装修第一课！装修注意事项

对于很多业主"新手"来说，装修房子的基本流程以及注意事项都是一头雾水，那么今天就一起了解一下装修的入门第一课。装修都有哪些流程和注意事项呢？一般来说，基本的装修流程包括准备、拆改、水电施工、泥木施工、油漆施工、竣工、软装七个阶段。

① 准备阶段。大家要制定好整体装修预算，选择自己喜欢的装修风格、主材、家具、家电、配饰等，寻找合适的施工方，签订合同后开工。

② 拆改阶段。做好上述装修准备后，就可以进入拆改阶段。开工前到物业办理装修许可，并现场核对装修项目。如果是二手房，可能还需要通过拆改工程来改变房屋格局。

③ 水电施工阶段。水电施工时水电工开好线槽，敷设电管水管。在进行第一次验收时，水路需要进行打压测试，电路则需要检查回路完整性。这个阶段要注意控制预算，小心超支。

④ 泥木施工阶段。要做好防水和基层处理，包含天花吊顶，铺墙砖、地砖，家具的定制也要在这里完成。这一阶段历时最久，工序也最复杂，因此要做好工程量的核对。

⑤ 油漆施工阶段。油漆施工阶段主要是墙面和家具的粉饰工作。这里油漆真伪和施工质量会影响房屋整体的装修效果。

⑥ 竣工阶段。施工现场基本完工，安装橱柜、地板、开关插座、灯具、五金等基础设备，做最后一次验收，结算尾款并索要质保单。

⑦ 软装阶段。接下来就可以设计家居软装的布置了，选购家具家电、家居配饰的安装和摆放布置。在施工前也要确定家具的尺寸和摆放位置，这个阶段就相对比较省心了。做完以上工作之后就可以入住新家了。当然为了身体健康，大部分人会先让家里散

甲醛。

除了了解装修的各项基本流程之外，还有一些注意事项需要明确才能在装修的时候更加省心。

① 在装修准备阶段，首先要做的一件事就是对自己的房子进行一次详细的测量，明确装修过程中涉及的面积；其次要明确主要墙面尺寸，特别是以后需要设计摆放家具的墙面尺寸，做到心中有数。

② 水电施工期间注意插座接口数量，多多益善，防止以后各种插线板把家里绕成"盘丝洞"。

③ 水电改造之后最好紧接着把卫生间的防水做了。卫生间顶上也要刷一层防水层，防止楼上的邻居防水层质量不好，导致你家漏水。厨房则可以不用做防水。木工、瓦工、油工的基本施工顺序是木瓦油，原则就是谁脏谁先开始，这也是决定家装顺序的基本原则之一。

④ 地漏是五金件中第一个出场的。因为他要和地砖共同配合安装，所以要尽早地买地漏。油烟机是家电中第一个安装的，厨房墙地砖铺好之后就可以考虑安装油烟机了。

⑤ 房子装好之后晾房通风不能太剧烈，最好不要采用穿堂风，否则墙体比较容易龟裂。

4.4

装修前要做哪些准备？这6步千万不能少

这一节要给大家讲的是装修前要做哪些准备工作。

4.4.1 准备好装修资金

装修新房要准备好装修资金。我们经常会听到这样的问题：我家 $100m^2$ 装修下来大概要花多少钱呢？这就涉及装修预算的问题了，一般装修预算与装修档次相关。以 $90m^2$

的房子为例，简单装修一般至少也要3万～4万元，中装达到5万～10万元，精装要到10万元甚至更高。不过对于大部分朋友来说，做预算最大的问题是不知道具体有哪些装修项目。这个问题大家可以在网上了解装修流程，多逛逛建材市场，了解价格，再对比一些有保障的电商平台价格，这样心里大概就能有数。

4.4.2　确定装修方式

装修主要有三种方式：全包、半包、清包。对于装修预算充足但时间不足的朋友们可以选择全包，相对省心省力。而半包费用略低一些，装修公司出人力，业主自己购买主材，因此需要业主了解装修知识，有时间配合施工方。清包则对业主的时间要求更苛刻，最好每个项目都要到场，并且对购材、施工项目顺序注意事项都比较清楚明白。自然更加费心费力。

4.4.3　选定装修公司或施工队

选择全包和半包的业主找到一家靠谱的装修公司非常重要。可以通过有装修经验的亲朋好友推荐，也可以装修平台上了解装修公司的案例、口碑和业主日记。还可以要求实地考察意向公司的门店、工地和样板房，了解装修公司的实力和规范程度。如果选择清包的话，一定要找有实力、有经验的施工队，可以多向装修过的熟人打听。

4.4.4　考虑室内设计

无论选择哪种装修方式，大家都要做好室内设计方案。毕竟只有自己最了解自己的喜好和习惯。客餐厅、卧室、厨卫空间是主要的生活功能区，尽量每一处都考虑到。

空间设计还要注意色彩和风格搭配。可以从网上多看一些装修设计图，选定几款比较喜欢的风格和案例作为参考，结合专业设计师的建议，或者直接让专业的设计师帮您设计。

4.4.5　清楚装修顺序

装修是一个复杂的过程，涉及的施工项目非常多，各个环节都不能随意颠倒，否则不仅影响施工进度，还会影响施工效果。提前了解装修顺序，有利于后期做好监工，清楚施工方在做些什么，接下来要干什么，不至于被忽悠。还有一点很重要，就是要清楚哪些东西是需要自己提前订购或确定的，以免影响施工进度。

4.4.6　了解建材知识

装修一套房要用到很多建材，如果你对建材一点都不了解，就一定要给自己多补补课。可以从网上了解建材的分类，再从市场上了解它们的价格，多看、多问、多对比。

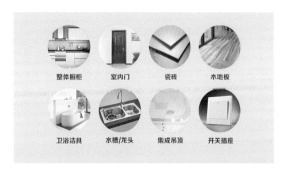

通过本节的介绍，大家都了解了装修前要做哪些准备了吧！只有把这六个准备工作做好，新家装修才能够顺利开展。

第 5 章

装修预算与合同的秘密

5.1

想找到靠谱的装修公司，先学会口碑怎么看

找装修公司之前，首先要弄清它们的种类。

（1）第一种：游击队

顾名思义：做一个项目、换一个地方。费用低是其最大的优点，但是由于流动性强，可能会随时跑路。

（2）第二种：品牌装修公司

品牌装修公司一般管理制度严格，也有合作的材料供应商，施工和售后比较有保障，但是费用也会相应增加。

（3）第三种：设计公司

设计公司能够同时提供高质量的施工和设计，装修效果好。缺点是比较贵。

（4）第四种：比较流行的互联网装修平台

常见的有土巴兔、设计本、装修图库等。业主可以从平台上挑选入驻的装修公司。平台会提供一些额外的保障，例如先装修后支付，工地质检等。这类平台的特点是会提供装修公司的口碑评价、历史案例和工地，非常有参考价值。

那么如何通过业主评价找到靠谱的装修公司呢？

我们以土巴兔为例，平台上的装修日记和业主评价是业主上传的，可以重点看。

（1）看总体评价

业主评价包括评价星级、评价条数以及评价内容。

评价星级越高，说明业主对这家装修公司的认可度越高。评价数量越多，说明这家装修公司的客户越多，现金流稳定充足，跑路的概率大大降低。评价内容建议优先看带图、字数较多、带有施工细节的评价，可以一定程度地过滤掉模板好评。买家、卖家秀，一目了然。还可以关注施工等各阶段的施工质量，以及装修公司的服务态度。

水电和泥木施工环节比较容易出岔子，建议列入重点关注对象。

装修公司项目经理能力参差不齐，一些业主会在评价中推荐项目经理和工人师傅，这个可以重点关注。

（2）看评价图片

评价图片包含了施工图片和竣工图片。

可以观察日常工地是否整洁，垃圾是不是乱扔，材料堆放是否整齐。这能看出装修公司的工地管理是否规范。

竣工图帮助我们了解装修风格是否符合个人喜好，顺便判断装修公司总体能力如何。

（3）看中差评

并不是有差评的公司一定不好，没有差评的公司就一定好，但是通过观察装修公司如何应对差评还是很容易看出问题的。装修最怕的就是出了事互相甩锅，如果出现中差评后，装修公司积极处理解决，那这个公司的售后态度就是值得肯定的，可以列入选择名单。如果出现中差评后，装修公司没有跟进回复，那么这家装修公司就需要慎重考虑一下。

另外，如果时间充裕的话，还可以仔细看一下业主日记。它记录了一个房屋从准备、设计到最后竣工过程中的所有经历，会有详细的施工进度，包括施工工期是否存在延误、材料购买的省钱经验、软装搭配的灵感等，也是我们避免"踩坑"的一大利器。

5.2 常见装修预算猫儿腻之收费项

装修预算收费类别上容易出现的三大猫腻如下。

（1）前期漏报，后期增项

房屋装修后，预算超了一大截，很多时候是因为装修公司前期在预算单上少写了一些项目。例如，容易被忽略掉的地面找平、墙面钻孔等。

预算单少写了项目，也不完全是因为忘了。例如少写一部分施工项目内容，总价就会降低，业主就会很高兴地跟装修公司签约。但是，等到后期施工的时候，装修公司就会说："前期给业主漏掉了，但这些项目不做又不行，所以需要增项、增加额外费用。"

为了避免这种情况，大家在做预算的时候，还是按照前期的设计施工图纸来一个区域一个区域地看看有没有漏掉什么项目，看看施工量是不是符合实际情况，避免后期出现恶意增项。如果自己看不懂，可以请一个工程监理来帮审，这个也是常见的预算。

（2）细分单项后，恶意提高单价

举个例子，工程中的某一项市场行情是 100 元 /m²，包含人工费。有时候会更清晰地将其拆分成材料费和人工费，各 50 元 /m²。

业主通过了解材料费的市场行情，然后就把价格砍到了 48 元 /m²。但是还有人工费，别忘了装修公司在人工费的报价上给出了 55 元 /m²，也就是说总价其实更高。业主以为自己占了便宜，其实已经被装修公司赚了一笔。

所以说再看报价的时候不要只盯着某一单项的价格来看，要综合人工损耗等费用一起来看。当然事先去了解市场行情，也是很有必要的。

（3）模糊不明项目费用

上面提到的损耗费就是其中的典型案

例，有一些单项工程会有一个叫作耗损费的项目。材料损耗是客观存在的，但是业主朋友要搞清楚的是，哪些材料会有损耗，哪些不会有。例如装修的时候已经是成品的，不需要经过切割打磨，可以直接安装的那种，就基本不会产生损耗费。而另外一些像地板、瓷砖等一些需要经过切割的材料，就难免会有一些损耗。一般来说，损耗费都会包含在材料的单价里，如果没有，也会在备注里明确材料的损耗比例、数量等。

5.3
一定要避开这些装修预算里的大"坑"

装修过程中，猫儿腻最多的莫过于装修公司给的预算报价单了，通常来说会为你挖好如下大"坑"。

（1）材料标准不明，混淆概念

比如，合成木与实木之间的价格差异很大。即使都是实木，全实木和实木木皮的价格也有很大差异。

（2）材料规格，数量不明确

比如，一般八角盒根据质量的优劣和尺寸大小，价格为 0.8 ～ 2.0 元 / 只，价格会有很大的差异。

（3）将数量多，单价低的产品单价抬高

比如，一般品牌的 PP-R 水管的市场价格为 14 ～ 18 元 /m，如果将价格略微抬高，则消费者不易察觉，但由于数量较大，最后总额就会高出很多。

（4）消费者不熟悉的人工费抬高

比如，一般标准为嵌入式弱电箱安装只要 80 元一个，如果你花费两倍或三倍的价格，说明你被骗了。

（5）重复报人工费和材料费

比如，热水器安装一般由生产厂家提供，不需要施工队安装，因此不应该存在安装费用。

（6）模糊和混淆施工内容

比如，污水斗安装其实就是拖把斗安装，装修公司自定义它的名称之后，就可以抬高安装费用，并且容易误导消费者。

（7）预算单前后重复报价

比如，一般做石膏吊顶的同时就包括了灯槽的部分，以及灯筒射灯的开孔位置等。如果是加工灯槽内部，则应该标注明确，不应重复报价。

（8）以次充好，蒙混价格

装修公司报价往往会忽略具体的说明和标注，没有注明品牌、材质及品种，价格差异很大，从百元至千元不等，商家往往以次充好抬高价格。

（9）将一项内容拆分成多项，混淆数量和价格

看上去分得很详细，但实际是相同物品。如把门套拆成门套饰面、门套贴装饰边、门套贴木皮等。

除了上面的这些还要注意，在报价中还应该包含工程管理费、建渣清运费、成品保护费、上楼费、竣工清洁费等。

5.4
装修预算在材料工艺上容易出现哪些陷阱

（1）材料品牌不详细

在装修预算报表中一般会写明材料的品牌、价格、数量，业主以为这样就够清晰了，但是装修材料同一品牌下又分为不同系列、不同规格、不同等级、不同功能，价格自然也不一样。

有业主差点被坑，因为在预算表上只注明了油漆的品牌和型号，本来想买的是某

品牌的环保油漆，结果，到工地却发现变成了该型号的普通漆。更有甚者，本来定的材料，回来却发现换成了其他品牌的材料。工长会说，这个品牌的材料是其品牌的子品牌，因为业主不懂，这样浑水摸鱼就会变得轻而易举。往大了说，这叫信息不对等，往小了说，就是欺负业主不懂行。

所以为了少掉坑，业主朋友们就要在前期多做点功课，把装修时要用到的品牌规格、型号、等级、尺寸等，都备注在预算单上。

有些装修公司会在备注里加这样一条：所选材料如遇缺货，本公司可换选同等级别、同等品牌、同等价钱的材料。这个品牌的级别是怎么判断的？价格又是谁说了算？业主朋友们好好想想就能明白其中的问题，如果说所选材料缺货了，另外购买的话，要业主签字同意才可以。

（2）施工工艺做法不明确

在预算表格备注里面施工工艺和施工标准也一样不能放过，防水涂漆刷几遍？马桶坑距留多宽？这些工艺标准都跟业主的预算息息相关。瓷砖铺贴的瓷砖是普通正铺的，还是需要菱形、拼花铺贴？如果业主不先说明，那么装修公司会忽略这个问题的，都按普通铺贴来算，因为这样报价最低啊，然后等到后期施工的时会跟业主说：你的材料出现了问题，要进行处理，反正一句话，得加钱！

有些业主品位比较出众，选择玻化砖，或者觉得这个地砖不错就贴墙上，这些瓷砖在水泥铺贴之后很容易脱落，所以要进行薄贴工艺处理，价钱自然也就更高了。如果没有在备注里面备注清楚，后期工人施工的时候漏掉了，之后再去整改，不仅费事，更费钱！所以，选材料的时候要问清楚，这些材料是怎么用的？需不需要特殊的工艺？然后把这些工艺标准都写在预算表上。

要在这么短时间内了解那么多装修知识，对业主来说也是不容易的，所以请一个第三方监理，他们会帮你审核监督装修，方方面面帮业主省心，省时间。

（3）施工面积与实际不符

业主在做预算的时候会发现，预算单上很多项目虽然都已经注明了施工面积，但是备注都会以实际工程量来结算工程款，因为施工时候有一些改变，前后的数据确实可能会有一些差异，但是这种差异却可能成为预算的漏洞。

打个比方，合同上写着某墙面工程施工面积是 $30m^2$，施工完成以后就变成了 $45m^2$，要知道在这面墙上做的工序有好几道，比如说刮腻子、批灰、挂网刷漆，这些项目都是按照合同上的 $30m^2$ 来算的。这样的报价单，你看看还行，就这样签了单，后期施工以后，却是按照 $45m^2$ 来算的，再乘以那么多道工序，想想你得出多少钱呢？

要避免这种"坑"，就应该在装修前跟装修公司或工长一起把房子全面系统地测量一遍。特别是单项的面积尺寸，一定要测量清楚，记在本子上。报价单以及最后结算的时候可以对数据进行比较、核实。

5.5
装修报价问清楚这几点，装修公司不敢坑你

装修中低开高走、增项、漏项是一些不负责任的装修公司的常用手段。

报价单先看表头、序号、施工项目、单位、工程量、价格、施工工艺等。

施工项目一般按照区域划分卫客餐厅、主卧、次卧、厨房、卫生间等。每个区域又基本可以分为地面、顶面、墙面项目。这是检查项目是否全面的方法。

材料明细中，乳胶漆只有品牌名，不写明哪个系列，用的是腻子是柔性的还是耐水的。这些在施工中很有可能被装修公司换成低价或劣质产品。

有一点增项是正常的，但是对于恶意增项，要坚决拒绝。类似复杂的铺贴，像鱼骨砖、小砖、六角砖，还有一些大规格的砖上墙都是另外要加人工费的，事先明确好商量。但是记住装修公司对非标项目的溢价不得超过 80%。

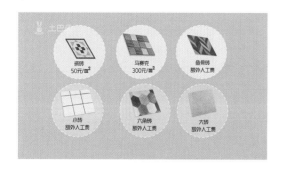

施工项目工程量的计算，比如乳胶涂刷面积一般按照建筑面积的 3 倍来算，不懂不要紧，多拿几家报价单做比较，和设计师一条条算清楚。如果发现水电报价第一家12000 元，第二家只有 5000 元，那么不是你捡了大便宜，而是装修公司设的大陷阱。

二手房装修少不了拆除。装修公司的拆除项目大多是外包出去的，价格分项目，按面积算利润非常高，项目越多越贵。一套两室一厅，光是拆除费用就可能近万元，按房间数一口价，比按项目计费便宜。但必须明确拆除的项目内容，否则到时候可能一车一车地要钱。

一些杂七杂八的费用，比如搬运费、高空作业费、垃圾清运费，最好问明白收费方式。有些是合理的，比如楼梯房的搬运费、复式别墅的高空作业费，但是有的装修公司竟然要材料损耗费，这就不合理了。

总体来说，装修报价一定不能只看总价，还要看施工项目是否全面，信息是否完整，这才是防止被坑的根本方法。如果还不放心，就在合同上加一条：实际施工中增项不应该超过工程合同报价的 10%。

5.6
装修合同没审清楚，会出大事

报价敲定差不多就要签合同了，签订合同时需要注意的六大事项如下。

（1）合同文本要齐全

签订合约的时候，一定要注意装修公司给的合同文本是否齐全。一份完整的家装合同，应包含主合同、补充合同、设计图纸、预算单、施工材料明细单等。

需要解释的就是补充合同。现在很多装修公司都有自己固定的合同模板，有一些则是当地装饰协会提供的合同文本。如果业主跟装修公司之间有一些需要约定清楚，而合同上又没有的内容，就可以再签订一份补充合同。装修合同涉及的内容相当复杂，也相当专业。如果业主自己看不懂的话，最好申请一个专业的第三方监理，帮忙监理监督。

（2）施工工期及延期赔偿要明确

业主朋友们都想早点入住新家，享受新的生活，都不希望工期被拖延。所以装修的开工时间和完工时间，以及什么情况下可以延期，一旦延期要赔多少钱？这些在合同里面都要讲清楚，不然有的工长跟业主混熟了，就嬉皮笑脸地找借口说我们想要做得更好一点，所以要多花一点时间。如果没有合同约束，就等于给了施工队无限拖延工期的可乘之机。

（3）追加预算或更改设计需业主签字同意

前期漏项，后期再增加，这种现象非常常见，甚至有些装修公司不事先说清楚，变相和业主要钱。如果事先在合同里注明追加预算或者改动设计，需要业主书面签字同意，那业主就很有保障了，只要业主没有书面签字，强加的项目就都不算。

（4）分期付款，多留尾款

很多人都有这种感受，钱在自己手中就像是皇帝，到了别人手中，那就是待宰的羔羊，更何况装修花的还不是小钱。

现在很多装修公司都已经开始实行分期付款，并且会在每一个装修节点验收通过以后才会收钱。

需要强调的是装修尾款的付款比例。如果比例很低的话，那些不良施工队就很容易因为纠纷直接撂挑子不管了，甚至失联。所以提醒各位业主，回款比例可以跟装修公司协商多留一点，如果还是不放心，那就可以找平台对装修款进行委托，让装修更有保障。

（5）确定保修条款

装修完工，不等于万事大吉了，装修的工序异常烦琐，又是手工活，难免会出现各种各样的问题，为了保障后期施工质量，让自己住得更安心一点，保修条款一定不能漏

掉。装修公司是包工包料，全权负责保修，还是包工不负责材料保修，还有其他的保修条例都要和装修公司协商好。

（6）成品保护问题不容忽视

成品保护是在合同中很容易被忽略的一项。现场材料的保管，以及一些成品和半成品的保护，例如门窗包裹、地漏覆盖、地面铺保护膜等，这些问题都不能忽视！

什么材料该用什么来保护？怎么保护？保护到什么程度？如果出现损坏，该怎么赔偿？这些问题业主都要在前期和装修公司协商，并且写在合同里。

第**2**篇

装修设计

第6章

方案设计早知道

6.1
户型图你真的看懂了吗

户型图就是住房的平面布局图。通过户型图可以了解各空间的功能、位置、大小、朝向，可以直观地看清房屋的布局、走向、通风、采光等特点。户型图是前期买房和后期装修的重要参考，那户型图到底应该怎么看呢？

（1）看户型格局

看房子是几室几厅几卫，是否满足自己的需要，看各功能区位置，客餐厅等动区和卧室区是否分区明显。

（2）看房屋朝向

有的户型图上会标指北针，如果没有，一般是默认上北、下南、左西、右东。

（3）看标尺

户型图上的标尺，能够帮助我们了解每个空间的大小和比例，从而判断户型是否舒适合理。

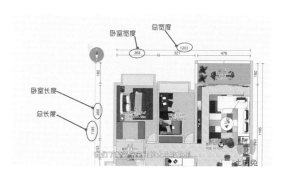

（4）看承重墙

一般户型图上的黑色实心粗线就是承重墙，浅色空心线是非承重墙，可以拆除来改变房屋格局，但承重墙不能拆。注意承重墙的分布就能够了解后期房屋格局改造的可能性。

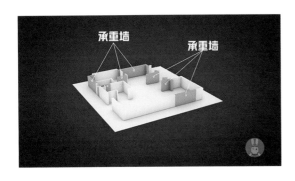

（5）看各种图标

多条杠的图标就是窗户，看窗户位置能够了解房屋的通风采光情况。房屋最好是两面通风采光。

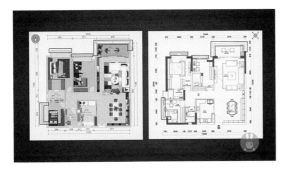

户型图能够呈现关于房子的更多信息，但一般只供参考，实际会有一些差距，最好能够实地考察比较。

6.2
婚房装修，5 步打造美出天际的效果

婚房装修要考虑的是各种结婚时的需求，当然也要考虑到以后长久过日子的实用功能。那么如何打造一个充满惊喜的完美婚房，让婚后的爱情历久弥新呢？

（1）开放式厨房

开放式厨房不仅颜值高，而且将原本独立的厨房和客厅连通了起来，进而释放更多的空间。视觉上也更加开阔，非常适合小户型。

开放式厨房带来的更多是生活方式的改变，妻子做饭时可以和丈夫互动，在一个空间中陪伴彼此，抬头就能看到你忙碌的样子。这才是新婚二人世界应该有的感觉。

不过开放式厨房也会带来油烟问题，因此更适合偏好烘焙或西式料理的朋友们。对于更喜欢中餐的朋友们，可以使用功率大、功能多的抽油烟机来控制油烟。

（2）双人洗漱区

装了双人洗漱区之后，即使两个人都起晚了，也不用担心争抢等待，简直不能更方便了。

（3）儿童房

如果已经有了要宝宝的打算，那儿童房肯定是必不可少的。装修儿童房时，还是建议一切从简，忘记王子公主的童趣风格，选择一些适合孩子的轻巧家具和装饰品，设计好收纳，给孩子留够学习和玩耍的空间。等孩子大一点再让他参与到自己房间的设计中来，给他更多的发挥空间。

有一点要注意，婴儿床千万不要买太大，等孩子稍微大一点，可以拆除婴儿床的一边围栏，当作小沙发来使用。

（4）生活小阳台

如果婚房的阳台空间足够，就可以规划出一个生活休闲区，种种花，两人闲暇之时捧一本书，沏一杯茶，再加一把椅子，就能度过一个美好的下午。如果想与大自然更加亲近一些，可以选择不封闭的阳台，不过平时就要勤奋一点，多多打扫了。

（5）结婚照

婚纱照是婚房里少不了的元素，但把一张巨幅婚纱照挂在床头，确实俗气。建议可以选择比较有意境的小尺寸版本，设计一些有趣的样式，加一点点创意就能把它打造得很时髦。位置也不要局限于床头，客厅、墙上、沙发后面都是可以的，一些有纪念意义的数字，比如你们的结婚纪念日，也可以做成专属照片悬挂起来，这样的玩法是不是更加有情调？

6.3

小户型还能变大？这些设计让你家看起来更大

如今房价居高不下，年轻人的房子越住越小，但房子再小也要让自己住得舒服。这里教大家几个让家里空间显大的技巧，小户型的朋友们一定要学起来。

（1）利用视觉效果拔高层高

说到利用视觉效果，大家一定看到过这类图片：两条竖线一眼看去，左边的似乎更长一些。但大家都知道，其实两条线段是一样长的，只是两端的视觉延展性造成了视觉差。在家居设计中，我们可以将这一原理应用在至少三个地方来扩大视觉空间。

① 拔高窗帘高度并且及地

将家里的窗帘整体拉高、拉长，上及天花板、下及地板，这样能制造出更大的空间感。

② 不要吊顶

小户型大多层高比较低，如果还要做吊顶的话，会让整个空间显得更矮更小，所以对小户型来说最好是不做吊顶或直接用石膏线装饰。

③ 使用低矮细腿的家具

家具离地面越近，就离天花板越远。家具和天花板之间的空间拉大之后，就会使人觉得空间变大了。

（2）利用开放式的布局

开放式的布局达到了空间交错、融合与延伸的效果，使空间看上去更加开阔。如果不能接受全开放，也可以在客厅、厨房、餐厅的空间内使用玻璃隔断，让视线与光线能够穿透各个空间，家里就会看起来更大、更明亮。

（3）善用浅色扩容

浅色系可以拓展居室空间，因此在选择地板和墙砖时，最好选用浅色和反光强的材料，可以局部铺贴小花砖加以点缀。面积较大的软装如窗帘等也选择浅色系，使整体空间显得更通透，从而也看起来更大了。

（4）巧用镜子制造视觉差异

镜子是设计师用来增加空间层次和美感的一大法宝。墙面镜的应用可以让整个空间变得通透明亮。镜子的反射面能够加深室内的纵深视觉感，达到延伸空间的效果。

（5）改善照明

很多小户型只有一个吸顶灯，灯光昏暗，更容易显得空间小。我们可以把单一的吸引灯改成多个嵌入式的射灯，让空间内的光线分布更均匀，使整个空间更加明亮、有层次，空间自然也看起来会更大了。

这5个方法简单又实用，巧妙地运用这些小技巧就能把家越住越大。

6.4
四款家居网红配色，让你变身时尚达人

好看的家都自带滤镜，难看的家却各有各的丑法。家居配色对家里的颜值和质感

有非常大的影响，就像女生化妆，比例、色调、纯度都值得考量，一旦失败，你就可能收获一个"五彩斑斓"的家。下面，我们来看几款当前炙手可热的家装色彩搭配，让你的房间呈现出更高的品质感。

（1）大白墙和灰色调

如果预算有限，也没有太多精力，就不要犹豫，直接选择大白墙。白色会让空间变得整洁。

如果想有更多变化，则可以刷一些低饱和度淡雅素净的浅色，但一定要给白色留出空间，比如只给某一面墙上色。

白色的主色调搭配浅色原木椅子会让整个空间变得清爽自然，而且还能省下墙纸和墙漆的预算。

而灰色调几乎是成功人士的代表色了，总是带着高雅自然的气息。灰色系适合搭配中性色装饰，比如曙光银窗帘儿、黑色皮革沙发、艺术风线条图案地毯等。灰色调也是包容的，色感温和的点缀色是点睛之笔，丰富了空间层次和质感，在张力碰撞中高级感爆棚。

（2）灰绿色和墨绿色

灰绿色是让人大爱的颜色，既透露着生机，又带着忧郁，不张扬不单调，更是被很多设计师认为是最适合大面积上墙的颜色。

灰绿色加灰色、灰绿色加黑色这两个颜色组合能提升空间质感，让整体氛围更加静谧，很适合在卧室、客厅使用，但需要慎用家具颜色，找到色彩的空间平衡感。

墨绿色亲近自然，也是复古又现代的高贵色，与金色搭配尤为合适。墨绿色在大面积使用时一定要有光的保证，为了防止沉闷，建议与木色、白色搭配起来，特别优雅有格调。配上放射灯、简约装饰画，北欧风格家居非常有氛围。

（3）灰粉和静谧蓝

低饱和度的粉色让家温暖又浪漫。对于灰粉色，更建议作为配色，比如在灰色系的空间搭配灰粉色的软装，瞬间就能摆脱原本的单调，带来一种低调的柔美。

而相比灰粉色，静谧蓝彩度偏低，色调偏冷，给人的感觉广阔深邃，且保有童真。静谧蓝作为墙面颜色营造的是一个静谧的空间。如果是用作小面积的点缀，无论墙面或者抱枕颜色，都是简单又不失内容的色彩搭配形式；如果是大面积的使用，则切忌压抑感，注意与光线的配合。

（4）鹅黄和柠檬黄

鹅黄色是淡淡的暖色调，淡雅清爽，不张扬。作为墙面底色会显得温馨大气，与白色、浅灰、淡粉相配，能让空间活泼起来。

而柠檬黄则需要一定实力才能用得很美。柠檬黄十分靓丽，不太适合与深色系搭配，作为局部的点缀颜色会让空间活泼很多。

家居配色影响的不仅仅是房子，更是人的生活，因此在进行家居色彩搭配的时候，要充分考虑家人的具体风格需求，毕竟空间色彩带给人的感受比任何单个的物体都要真实。

第 7 章

尊享客厅方案设计

7.1

4 招改变客厅

对于小户型来说，一个小小的客厅，要放沙发、电视、茶几，还要摆放植物、置物柜甚至书架等。一个拥挤的客厅，让你除了窝在沙发上嗑瓜子、看电视外，没有其他的活动空间。这里教大家 4 招改变客厅，为小户型节约 30% 的空间。

（1）选单个沙发

一般家庭都会选择成套的三个沙发的组合，一个长沙发和两个单人沙发，左右对称摆放。但是小户型千万别选体积大的笨重家具，买家具要有整体构思。想要客厅变大、变美一点，首先要减少沙发个数。如果家里人多怎么办？其实加个撞色貌美的椅子或者小矮凳就足够了。释放空间，可以激发客厅的无限可能，不仅可以多摆几个储物柜，再加个书桌都不在话下。

（2）放弃厚重的大茶几

客厅里最碍手碍脚的就是笨重的大茶几了，孩子也经常被它磕到、绊到，因此建议小户型的客厅换成简约风格的小细腿茶几。客厅宽敞了，孩子有玩耍的空间，你的心情也清爽了。如果担心东西没地方放，就在沙发旁边放一个小边柜，收纳零零碎碎的小物品。

（3）配色简单统一

统一的色调，会让客厅显得协调。选择和自家整体色调相同的家具，对装修"菜鸟"来说很容易上手。只要选择材质好一些的，就可以美得轻而易举。尤其是浅色的家具与背景墙融为一体，阳光好的时候房间宽敞明亮。

（4）考虑不要电视机

当代人的生活再也离不开手机，起床看手机，走路看手机，吃饭还是看手机。于是家中的场景通常是夫妻两人各刷各的手机，孩子与电视为伴。所以现在流行这样一种观点，客厅可以不要电视机，家庭应该从电子世界里解放出来。比如有的家庭就在客厅打造一个游乐园，安装滑梯、秋千，旁边就是钢琴和餐桌，下班后家长可以和孩子一起做手工。至于年轻的夫妻不看电视，也总有其他事情，一起做饭，饭后一起散步聊聊天，平时也可以逛街约会，周末一起窝在沙发看书，生活也是丰富多彩的。

7.2
客厅装修 5 步法，装修小白都在看

都说客厅是家装的灵魂，其重要性不言而喻。一个舒适的客厅可以让忙碌了一整天的你身心放松，也可以成为亲朋好友聚会的最佳场所。那客厅装修应该如何着手呢？

（1）功能规划

客厅作为门面担当，在装修前首先需要考虑清楚其功能需求以及布局和风格。在大多数中国家庭中，会客与家庭娱乐是客厅最重要的两个功能，因此最常见的客厅布局是"沙发 + 茶几 + 电视"这种传统的组合。

但随着现代人生活方式的改变，这种"大众脸"的客厅布局也逐渐被弃置。很多人尝试结合自家客厅的特点和家人的需求，将客厅分成若干个相对独立的区域，比如"客厅 + 餐厅"或者"客厅 + 厨房"，抑或是"客厅 + 书房"这样的组合。

在客厅摆上一张大桌子，餐桌、工作台、茶几的功能就全都有了。你可以在这里宴客会友，辅导孩子功课，也可以一家人围桌分享趣事或者下棋休闲，温馨惬意。复合功能的客厅带来的最大好处就是空间的节省，对于小户型来说尤其适用。

（2）电路改造

客厅装修开始施工的第一步就是做电路改造。考虑家居电器化以及智能化的发展趋势，客厅电路改造的时候最好遵循"实用为主，适当超前"的原则，尽量一步到位。如果想要后期增加，一般就只能走明线，会影响家居美观。

此外一定尽量在客厅预留多一些的电源插座，这样有助于提高日后电器使用的方便性与安全性。为了不影响美观，可以将备用插座安装在稍微低一点的位置，或者使用隐藏式的插座，将显眼的插座装饰一下也是不错的选择。

（3）隔断

客厅承载的功能较多，如果喜欢的话可以通过各种隔断将功能区间划分开来，家居中的隔断根据材质的不同，可以分为软硬两种隔断。

软隔断多用布艺、绳索、植物等划分空间，一般灵活多变。硬隔断多用石材、木材、玻璃、金属等硬质材料进行划分，制成后往往不能再变动。因此建议大家尽量选择软隔断，灵活使用。

其实家具也是客厅中一种很好的软隔断，比如沙发、高矮柜、书架等。这种隔断方式的限定度比较低，可以形成隔而不断的流动形式，正好适合客厅空间的划分。

（4）收纳

家居规划的大多数课题都和收纳有关，客厅也不例外。客厅要做好收纳，其实并不难，灵活运用家具造型做收纳，既不会影响客厅的美观，还能够起到装饰的作用。

打造墙体组合是客厅收纳的最佳方式，还可以购买有储物功能的沙发、茶几等茶具，再也不怕客厅乱糟糟了。

（5）沙发

沙发是客厅中的关键家具之一，沙发的选择和摆放很大程度上决定了客厅的整体效果。一字形的沙发适合狭长形的小客厅，能够保证客厅的活动范围。

L形的沙发则能让空间得到充分的利用，时尚多变。U形沙发具有很高的舒适度，特别合适人口较多的家庭。围式沙发以一张大沙发为主体，配上两个单人扶手椅或扶手沙发，适合中等大小的长方形客厅。

7.3
家庭影院这么设计，客厅看起来更高级

现在很多年轻人装修已经不在客厅放电视机了。原因很简单，现在看电视剧、电影一般都用电脑了。而家庭影院逐渐成为客厅装修的宠儿，大大的幕布，小小的投影仪，让你足不出户就能体验到影院般的享受。你可能会担心家庭影院需要复杂的设计，又或者这只适合大房子，其实除去家庭影院设备，客厅和常见的没什么不一样。

下面介绍家装投影仪的几种设计以及如何选购投影仪。

（1）幕布

家庭影院的幕布一般有三种：固定抗光幕布、电动幕布、白墙。白墙操作起来最简单，但会大大影响画质。电动幕布灵活性高，但幕布易皱。框架幕布能保持平整，但客厅的模样也被固定了。

① 投影＋电视。安装电视和投影仪主要是为了同时满足家里老人和年轻人的需求。老人一般是白天看电视，晚上早早休息，年轻人晚上看电影打开投影仪，白天收起来，使用时间刚好错开。

② 投影＋收纳电视墙。如果投影完全取代电视，就会多出电视墙的空间，可将其利用起来做收纳。这样实用性更强，特别是小户型设计效果更好。

③ 固定抗光幕布。如果特别喜欢看电影，使用频率较高，则可以安装固定的抗光幕布，不用升降，白天也可以观看。

④ 自动收放投影幕布。如果背景墙没有做太多造型，则可以用投影幕布遮住；要是想展示造型，就可以收上去，安装自动升降式投影仪可以灵活变动。

（2）投影

我们讨论的家庭影院并不只是一个投影仪的问题，其实家庭影院包含的内容有很多，比如播放设备、立体音响、功放、各种电线等。

① 智能投影仪。基本上一个智能投影仪包括了播放器、音响、功放的功能。只要一张幕布就可以看电影了，智能投影仪突出的优点就是使用方便，基本上跟现在的智能电视一样，加上智能投影仪价格实惠，对于

观影要求不苛刻的家庭来说，是一个不错的选择。

② 投影距离。幕布尺寸建议是80寸（英寸 in,1in= 2.54cm）起，最好是100寸或更大。小于80寸直接买电视就可以，100寸的投影就要注意观看距离以及投影距离。每个产品的投射比都不一样，所以最好提前看好型号。建议100寸的幕布观看距离至少为3m，否则看着也不舒服。

③ 投影效果看参数。选购投影仪需要了解各种参数。首先看亮度（用"流明"表示）。亮度越高，越能在白天光线强的情况下使用，亮度低的白天就看不见了。理论上亮度越高越好，但一般越高也会越贵。一般看电影都会拉窗帘，所以家用不需要太高，一般为1000 ～ 3000lm。然后看对比度和画面清晰度，对比度越高越好，但也肯定是越高越贵。

分辨率也是越高越好，越高越清晰，主流是1080P高清视频标准，更高有4K的，但是目前没有必要，一方面是价格高，另一方面是片源少。

投影仪传统的灯泡机，其灯泡寿命大概为3000小时。新型LED可以使用2万小时，但亮度却要低很多，亮度高的售价都不便宜。投影仪更新换代很快，所以基本不用考虑灯泡消耗问题。

第 8 章

巧妙设计餐厅、玄关方案

8.1
餐厅装修，唯有生活与美食不可辜负

（1）餐厅整体设计

首先是餐厅整体颜色的选择，不建议选择冷色调装修餐厅，因为冷色调本身给人的感觉是冷静和沉寂，而暖色调则更能引起食欲。一家人吃饭当然希望热热闹闹，越吃越温暖。

如果家中整体搭配是暗色系或者黑白色，不想用暖色，那么保险起见，可以考虑白色，给人干净整洁的感觉。

其次，在墙面齐腰位置，可以考虑使用耐磨性材质做局部护墙处理，因为有时桌椅在使用过程中，可能会擦碰到墙壁，局部护墙可以避免弄脏或者弄坏墙壁，并营造出一种清新、优雅的氛围，以增加就餐者的食欲。

（2）餐桌、餐椅的选择

选择餐桌，颜值很重要。如果看起来就不顺眼，每天围坐在餐桌前吃饭，也很难会有好心情，所以在挑选时要注意选择合乎眼缘的餐桌。并且要使所挑选餐桌的风格与家中整体装修风格保持一致，避免产生杂乱无章的感觉。

餐桌的材质会直接影响其使用寿命的长

短。目前市场所出售的餐桌主要有板式餐桌和实木餐桌两大类。实木餐桌要比大量使用胶水的板式餐桌环保一些。实木餐桌的表面需要涂刷清漆或木蜡油。

选购餐桌时还要注意餐桌的规格，看是否符合人体工程学，可以坐在餐桌旁边体验一下。一般来说餐桌的高度应该在 80～85cm 之间，所配套的餐椅高度应为 45～48cm。另外家中餐厅的面积应先测量好，餐桌的规格也需要与餐厅大小相适宜，不宜过大，也不宜过小。

（3）灯光的选择

一个温馨的小家，餐厅区域如何用灯是一个很考验主人的题目。用过于华丽的吊灯，会显得整个屋子突兀、局促，吸顶灯又显得没有情调。其实餐厅灯要根据餐桌的大小及整体家装风格来挑选。如果房子装修的是欧式风格，就应该选用相应的欧洲古典风格吊灯，那时人们都在悬挂的铁艺上放置数根蜡烛。如今很多吊灯也设计成这种款式，只不过将蜡烛改成了灯泡，但灯泡和灯座还是蜡烛和烛台的样子。

（4）餐桌的摆放

如果希望餐厅更加充满情调，给每天的生活带来多一点幸福感，那么餐桌上的摆设就必不可少。

简单地铺上有质感的桌布，加上餐具的点缀能带来丰富的层次感。如果想要多种颜色碰撞的效果，那么餐桌上的鲜花和菜肴可以相互搭配。

不知道从什么时候开始，我们很久都没有好好坐下来吃一顿饭了。生活被速食和外卖填满，吃饭成为了一项纯粹填饱肚子的活动，但美食怎么可以就这样被辜负。希望你能拥有一间实用且舒适的餐厅，可以重新品味用餐的美妙时光。

8.2
6 个方法巧妙补救玄关缺陷

没有玄关是很多户型的硬伤，进门后直对客厅、厨房或者餐厅，整个家一览无余，储物、美观、隐私都不存在了。家里没有玄关的尴尬怎么破解呢?

（1）进门后直对客厅

进门后直对客厅是比较常见的无玄关户型,这种结构改造起来比较简单。如进门左边是餐厅,右边是客厅,这种情况可以在进门右边打一个玄关柜,能够满足隔断和收纳两个功能。顶天立地的玄关柜是不容易出错的选择,中间留空用来放钥匙、包等小物件,上下储物。

如果想要空间隔而不断,则可以选择"玄关柜+玻璃隔断"的组合,既满足储物又能兼顾通透感。如果进门一侧是墙,另一侧是客厅的话,那么可以直接靠墙定制一个顶天立地的玄关柜,具有很好的收纳能力。为避免沉闷,可以在中间留出置物区,再搭配使用换鞋凳,非常方便。

（2）进门后直对餐厅

这种情况的难点在于餐厅面积一般不太大,如何在实现玄关功能性的同时,又不会让餐厅看起来局促拥挤?如果是大门一侧是墙壁,另一侧是餐厅的情况,则可以在门与餐厅之间做一个柜子隔断,使大门处形成一个过道式的玄关。这样的玄关既满足了收纳,还顺带隔开了餐厅空间。

如果进门后直接正对餐厅,做大柜会阻碍空间动线和采光,可以做玻璃隔断,或者在门的一侧摆放小体量的鞋柜。虽然收纳量比较小,但基本上可以满足进出换鞋的需求。

还有一种方法适用于以上两种情况,就是打造"玄关柜+储物卡座"一体的玄关隔断。可以同时满足玄关和餐厅的不同需求,提高空间利用率,适合小户型。

（3）进门后直对厨房

如果进门就是厨房,则最好设置"玄关柜+玻璃或镂空隔断"。玄关柜可以定制成两用的柜子,一面是鞋柜,另一面是橱柜。如果宽度足够的话还可以当岛台使用。

原始户型虽然没有玄关,但是还是有很多巧妙的小设计,可以造出一个玄关。上面的方法,大家可以根据自家的实际情况进行选择。

第 9 章

合理的卧室、书房方案设计

9.1

卧室装修 3 大窍门摆脱噪声干扰

卧室是一个需要绝对安静的地方，怎么装修卧室，才能达到更好的隔声效果呢？

（1）巧选窗材料，避免室外噪声干扰

对于临街的房子而言，马路上的车水马龙是室内生活的一大困扰。想要良好的室内环境，窗户的隔声效果尤为重要。

① 框架的选择。市场上的主流窗框是铝合金和塑钢材质。其中新兴起的塑钢材质在隔声导热等性能方面具有一定的优势，由于其本身多腔体的材质较厚，隔声和隔热的效果都相对较好。

② 玻璃的选择。玻璃是窗户隔声最重要的一环，选择好的玻璃能最大限度地减轻室外噪声的困扰。普通的单层玻璃无法达到较好的隔声效果；真空玻璃则能达到较好的隔声效果；双层中空玻璃之间抽空中间的空气，也阻隔了声音的传播途径，同时起到了很好的降噪效果。

③ 利用隔声条。隔声条又叫密封条，是好的隔声玻璃必不可少的一个构成部分。市面上隔声条的种类多种多样，常见的有毛料和橡胶材质。一般来说皮料包裹吸声棉是隔声条最佳的选择，其韧性较好，且不容易老化，并宜长久使用。

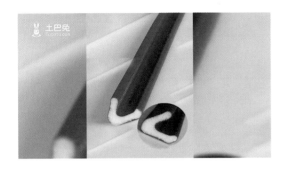

（2）卧室选材 柔软更吸声

窗户阻隔来自室外的噪声，室内的声音同样可以利用灵活的选材来避免。打造安静的卧室，一切以"软"优先，柔软质感的选材能够更好地帮助吸声，便于室内音量的控制。

① 软木地板。软木地板主要是由黄柏和橡树的树皮粉碎压制而成。软木地板的结构就像蜂窝状的多面体，其中有许多密闭的气囊能够让它具有出色的吸声和防震功能，同时脚感也十分舒适，能够有效避免人来回走动带来的家庭噪声。

② 无纺布墙纸。相对于纯墙纸而言，无纺布墙纸材料厚重柔软，表面纹路较多，可以让声音在传播过程中不断减弱，从而达到吸声效果。

③ 房门。门隔不隔声，除了看关上门后的密封性，门板的质量也很重要。门板的隔声效果主要取决于内芯的填充材料，木材自身密度越高，重量越沉，厚度越厚的门板隔声效果越好。

（3）家具选购细节

避免室内噪声，家具的选购同样重要。

① 检查五金。衣柜的五金质量，有时候直接决定家具的噪声等级。选购时对滑轨、铰链等地方应当仔细检查，反复开关柜门和滑动轨道，感受开关的灵敏性和滑轨的流畅度，以最顺畅的为佳。

② 考虑管道位置。家中管道位置的布置不畅，有时候也会为睡眠造成不小的干扰。装修前应充分考虑各个房间的布局，选择合适的管道走向，避免在睡眠时下水的声音影响休息。

对于卧室装修，尤其是临街的房子，隔声问题需要在装修前就注意到，否则日后生活中每天都会被噪声困扰，是非常不舒服的。

9.2
儿童房这么装，让你家的孩子更聪明

关于儿童房的装修，其实还没有宝宝的家庭可以在装修的时候预留一间儿童房，暂时不做布置，毕竟考虑当下的生活最重要。但是有宝宝的家庭装修时的思路，就不应该只是布置一间儿童房这么简单，因为孩子会完全改变你的生活方式和习惯。

看上去漫不经心的宝宝已经开始探索周围的一切。这些最初的印象有如照片的底色，一点点沉淀在他的意识深处，成为他日后看待世界的基调。所以宝宝最初的天地不应该只是布置得漂亮，以彰显父母的品位，还应该有助于培养孩子独立健康的性格，让他的童年回忆变得更加美好完整。

那么，如何为宝宝打造一个既舒适又能够启迪智慧的儿童房呢？

（1）采光最好的房间

开发商永远会把朝向最佳的位置留给主卧。其实对于成年人来说，卧室的作用大多只是晚上睡个觉而已，不过对于还在成长发育阶段的孩子来讲，最需要阳光的照射，因此如果条件允许，可以把采光良好的房间留给宝宝。

（2）充分安全的房间

儿童房里一切有可能会伤害到儿童的因素都要排除。门窗要做好最基本的防护，裸露的插头、剪刀、药品、果冻等东西全部都要藏起来，有棱角的地方全部都要贴上防撞条，有抽屉的柜子一定要安上安全锁。

（3）适合孩子的房间

在儿童房家具的选择上，所有家具和日常用品都要尽量矮，适合孩子的尺寸，让他们在自己的空间里像大人一样活动。从床开始必须要大、要矮，这样有很多好处：一是小朋友睡觉本来就需要空间，任他怎么翻身都行；二是不限制儿童的探索欲望，可以让他无障碍、无界限地在房间里爬来爬去，也不需要担心从床上摔下来。使用矮的家具，孩子会有自己动手的机会，很多事情可以学着自己去做。所以儿童房里的收纳家具一定要矮，矮到能够让小朋友毫无压力地自己动手。这样可以从小培养孩子归纳整理的能力。

（4）不断变化的房间

儿童房是一个相对临时性的空间。在孩子从婴儿向儿童成长的这几年里，这个空间需要根据孩子的成长不断变化。婴儿时期小朋友非常喜欢照镜子，可以刺激视觉发育，还可以放些挂画、装饰品、墙贴等。物品这些必须在孩子可以看到的高度上，色彩和图案可以促进小朋友的思维发育，也可以从小培养孩子的艺术鉴赏水平。阅读是很锻炼儿童专注力的活动，等孩子稍微大一点的时候，在房间里放置一个阅读角，可以布置成小帐篷或者孩子喜欢的其他样子。当孩子进入青春期以后开始产生自我意识，就需要更多自己的空间，开始乐意待在自己的房间里，可以把布置房间的主动权交到他们自己手里。

总之，一间好的儿童房伴随着孩子的成长，会让他慢慢体会到呵护、独立、创造这些词语所蕴含的深意，以及父母对他们最深沉的爱。

9.3
小户型也值得拥有的 4 款书房设计

在古代，书房是偏安一隅的不二之选，是隐于市的绝佳处所。而在现代，书房也是一个人气质养成的地方。即使现在电子产品如此发达，也不能忘记纸质书籍带给我们的乐趣。

（1）独立书房

如果你家面积够大，房间够多，那就设计一个独立书房。中国人对书房的讲究不是空间大，而是明净、舒畅，因此书房面积无须过大，一般 12m² 以内为宜。满墙的书柜、明亮的窗户、简单有品位的书桌，是书房必备的三宝。利用墙壁做内嵌式的书柜是可以节省空间的好办法，窗台也要包进去，做成一个飘窗座椅，在这里看书，绝对是最浪漫的事情。

另外很多人愿意把钢琴放在客厅，其实放在书房才是正解，琴棋书画在一起才更般配。

独立书房在装修时要注意采光和隔声，隔声板材、隔声门、隔声玻璃能让你远离喧嚣，完全进入自己的精神世界。木地板当然是书房最好的选择，如果能铺上地毯，空间会变得更加安静。在书房的整体色调上最好以冷色调或深色为主，冷色调更容易使人冷静和专注。

（2）客厅书房

拥有一间单独的书房，对很多家庭来说也不是一件很容易的事情。如果没有单独的房间可以用作书房，那就打造一个客厅书房。直接做整墙的书架，打造一个家庭图书馆，装饰画、文化墙等装饰都可以省了。书才是家里最好的装饰品，"腹有诗书气自华"，客厅有了书柜，就算简简单单，也会非常有书卷气的高格调。现在客厅早就不是"电视 + 沙发"的天下了，"书架 + 沙发"也是未来客厅的绝佳搭配。

（3）卧室书房

现在很多人的主卧套间里都有卫生间和衣帽间，那么为什么不能做一个书房呢？

其实做什么都没有错，主要看你更看重什么了。卧室相对于客厅来说私密性更好，也比较适合看书。另外更常见的就是在卧室放一个书桌，定制一个整体书柜，或用隔板做成书架，收纳效果还是很好的，环境也舒适安静。

（4）角落书房

其实，想读书也未必非要设置独立书房。在家里找一处采光好又舒服的地方，一把椅子、一杯茶就能成就自己的小小书房。只要合理利用空间，"一平方米书房"分分钟出现。家里的阳台过道、卧室一角甚至一个墙角都可以利用起来。只要你有一颗想读书的心，家里处处都是书房。

第 10 章

百变厨房方案设计

10.1
厨房装修 3 问，很多业主在这里找到了答案

俗话说"金厨、银卫"。厨房地方不大，但是要装的东西可不少，所以下面就来聊一聊厨房装修怎么做。

（1）封闭式还是开放式

厨房装修，很多人首先要面临一个选择，就是做成封闭式厨房还是开放式厨房。相信被这个问题困扰过的朋友不在少数。开放式厨房更适合不经常开火或者偏好烘焙、西式料理的朋友。

而封闭式厨房则适合有传统中式饮食习惯，偏爱爆、炒、煎、炸等重油盐烹饪方式，并且在家做饭频率较高的家庭。

还有一种两全的方法可以让我们避开这种选择，那就是中西分厨。当然如果有足够的空间和预算，还可以打造中西两套厨房系统。但大部分家庭还是中小户型，所以中西分厨是指将"炒 + 盛菜"的烹饪区利用推拉门做成封闭式，"洗 + 切"的备餐区开放出来，融入餐厅当中，一半开放一半封闭，打造有收有放的开放式厨房。对于有严重"选择恐惧症"的人士，建议选择中西分厨。

（2）装修材料怎么选

厨房属于重油、重盐区域，因此选择装修材料的时候也要格外注意。厨房吊顶最好选择抗老化、易擦洗的材料。很多家庭选择铝扣板，因为它便宜、好拆卸、易清洗。如果觉得铝扣板档次不够，也可以选择铝合金扣板和集成吊顶。台面要选择防水、防火、易清洁的材料，如果预算足够，则可以选择天然石、石英石做台面；如果预算较少，人造石也是绝佳选择。地面的材料要注意防水、防滑、易清洁，因此最好购买防滑砖并安装地漏。不要选择过小的瓷砖或马赛克来铺地面；瓷砖最好接缝小，方便清洁打扫。

（3）收纳怎么做

无论是开放式厨房还是封闭式厨房，收纳都是一个大问题，小小的空间要做好电器、厨具、餐具和调料的收纳，实在不容易。

首先，橱柜绝对是厨房收纳的必需品，装修时做好大容量的整体定制橱柜，并做大小不等的分割，把餐具分门别类摆放。橱柜

的构造一般是这样的。

一号区域为电器收纳，收纳除了油烟机以外的其余电器，如烤箱、微波炉等，该区域可以根据个人操作习惯来设计，

二号区域通常会做吊柜，为了延长吊柜的使用寿命，宜收纳较轻的物品。

三号区域做墙面收纳，在墙面上做几个隔板架，收纳水杯、调料等使用频率较高的物品，方便取放。挂杆、挂钩、玻璃罐都是特别好用的厨房收纳工具。平底煎炒锅、小奶锅、锅铲等都可以悬挂起来，因为这些小锅具其实很占空间，放在橱柜内部又不好堆叠。

四号区域通常是碗碟柜，其内部还可以做进一步细分，餐具分模块放置。分类做得越细，厨房就越能够维持整洁，使用起来也更加得心应手。

另外水槽下面的柜子，以及冰箱和柜子侧面都是可以利用起来的收纳空间。

10.2
百变厨房，究竟哪种更适合你家

合理的厨房布局和动线设计可以节省做饭时间，提高厨房的使用效率。如何设计才能不浪费有限的空间？如何进行功能分区才能既美观又实用呢？下面我们就从户型大小出发，给大家介绍几种百搭的厨房布局。

厨房的布局往往取决于房型。常见的布局，有一字型、L型、U型、双线型、中岛型等。具体要根据户型结构、厨房面积大小以及成员数量来进行选择。

（1）小户型

对于小户型，给大家推荐一字型和L型厨房。

一字型也叫单排式厨房，也就是冰箱、清洗区、操作台、烹饪区、装盘区都沿墙面一字排开，节省空间。但烹饪时要来回走整个厨房的长度，因此操作台不宜太长，否则会降低效率。

L型厨房能够很好地增加容纳空间，这种布局对于厨房面积的要求也不是很高，因此最为常见。烹饪区、料理区设置在较长的一面；清洗区、储物柜、冰箱设置在较短的一面，也能充分利用墙壁空间。

L型厨房其实不单单适用于小户型，中户型同样适用。这种厨房布局是百搭款，适用于各种房型。

（2）中户型

U型厨房就是在L型厨房的基础上，增加一面，用于摆放电器或收纳，利用三面墙设计三面橱柜。只要厨房足够大，U型布局就能够拥有足够的收纳空间，可以安置更多的嵌入式厨房电器，紧凑但不拥挤。冰箱、水槽、厨具呈三角形，可以容纳更多人一起做饭。U型设计适合中等户型的方形厨房。洗涤区、烹饪区、操作区、贮藏区可以划分得很明确，空间利用率高，适合成员多、收纳需求大的家庭。

（3）大户型

常出现于美剧中的中岛型厨房，其实就是一字型或 L 型加岛台的布局。厨房中央增设一张独立的桌台，将厨房与餐厅及其他区域隔开，做半开放式设计。台面可同时作为餐台、吧台、备餐区或清洗区，还可增加收纳橱柜。中岛台提供了完美的开放式烹饪体验，并且让厨房变成互动场所，是体现主人生活品质的重要部分。

10.3
金厨银卫，厨房装修为什么不能省

厨房通常是整个装修中细节最多，也是最花钱的地方。装修的时候，我们都在想怎么省钱，但是厨房面积小、东西多、油烟重，所以必须把钱花在刀刃上。

（1）橱柜

橱柜由三个部分组成：台面、地柜和吊柜。

① 台面。常见的台面材质有石英石、人造石、不锈钢、大理石等。石英石是首选，也是目前应用最广泛的台面材质。它硬度高、耐高温、耐油污，尽量不要挑选太浅的颜色，可以选择带颗粒的米色或者浅灰色，前后多做防水条。

② 地柜。地柜是由水盆、灶台、隔板柜、拉篮、抽屉等组成的，还有嵌入式的洗碗机和消毒柜。价格上隔板柜小于拉篮，拉篮又小于抽屉。抽屉虽然很贵，但是很好用，使物品摆放一目了然，方便拿取。如果预算有限，则可以选用少量的抽屉加隔板柜的组合。

③ 吊柜。建议吊柜使用平开门，方便好用，但不建议使用上翻柜。上翻柜看起来虽然很简洁，但是打开之后身高不够，很难还原。油烟机柜也不推荐大家做，因为油烟机在工作的过程中温度较高，用柜子包住不利于散热。

（2）水盆

① 台上盆和台下盆

台上水盆安装方便，后期维修也方便，但是水槽和台面接触的地方是用玻璃胶固定的，时间久了就容易发霉、变黑、翘角，水就会沿着缝隙流到橱柜里。台下盆就比较好打理了，台上的水只要一抹，就能进到水槽里，从外观看起来和整个台面是一个整体，简洁实用。

② 大单盆和双槽

水槽的作用很大，从洗菜到刷锅都会用到。但是如果提前规划不清楚，选择了小水槽，结果每次洗刷都施展不开，所以强烈建议水槽一定要选大的。当然也有人偏好双盆，觉得分区更方便。具体如何选择，还是要按照自己的需求来。

（3）厨房的灯

灯光照明是厨房中非常重要的部分，舒适的灯光照明不仅可以让饭菜色香味俱全，也能让人在厨房不同的位置操作时更加舒适。

建议大家厨房灯光尽量选择白色，如果空间比较紧凑，则可以试着装一个橱柜灯，在吊柜的下方嵌入一个 LED 灯，节能又环保。这些在定制橱柜的时候其实是应该考虑的。

第 11 章

实用卫生间方案设计

11.1
打造舒适卫生间的 3 个法宝

卫生间是家庭中使用频率非常高的区域，打造一个舒适的卫生间，可以很大程度提高生活质量。除了防水、电路这些隐蔽工程外，还有三件东西起着至关重要的作用，就是俗称"卫生间三大件"的马桶、花洒和浴室柜。

（1）智能马桶

每到冬天，冰冷的马桶盖令人不适，让上厕所成为了一种负担。而智能马桶的座圈加热功能，可以自动加热到人体舒适的温度，而且还可以根据个人喜好进行调节，完全解决了上厕所难的问题。温水冲洗功能可以在如厕之后对身体进行喷水清洗，长期使用可以有效降低妇科病和肛肠类疾病的患病概率。还有一些附加功能可以根据家庭需求进行选择。例如针对老人和小孩的一键旋钮设计，将多功能化繁为简，仅靠一个按钮就可以完成清洗、烘干。离座自动冲水功能帮助人们再也不用弯腰手动去冲水，也避免老人和小孩忘记冲水，非常人性化。不过有一些智能功能也是比较鸡肋的，比如音乐播放功能、手机充电功能等，大家实在没有必要在这些功能上花冤枉钱。

还要提醒大家，智能马桶同时涉及水和电，一旦出现漏电情况就会非常危险，所以安全性千万不能忽视。合格的智能马桶防水保护应该达到 IPX4 级，如果低于这个等级就不建议购买了。另外带有漏电保护装置也非常重要，当出现漏电等危险情况时，该装置会自动断电保护人身安全。

（2）花洒

一个好的花洒可以大大提高淋浴时的舒适度，购买花洒时可以从花洒的材质、阀芯、除垢等方面去判断。

其中，除垢的便捷性尤其要注意。花洒用久了难免会有水垢沉积，造成出水口的堵塞。而设计精良的花洒出水口往往突出在外，清洁时只需要用手轻轻揉搓硅胶出水口，就可以去除水垢，日常的维护也非常省时省力。

这里要给大家推荐一个花洒"黑科技"，就是空气注入技术。简单来说就是把水和空气混合后再喷出，这样喷出的水均匀细腻，水滴打在身上非常自然，也就是我们常听到的"香槟泡沫感"十足。

（3）浴室柜

卫生间虽小，但是要频繁使用的物品却非常多。尤其是爱美的"小仙女们"一定有这样的经历，卫生间里的洗漱用品、化妆品到处都是，乱成一团。这主要是因为卫生间里没有足够的收纳空间，所以选择有镜柜功能的浴室柜就非常明智。充分利用好收纳功能，可以将我们的洗手间变得井然有序。

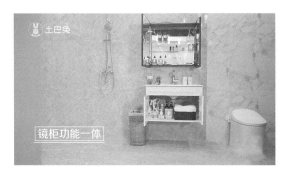

镜柜功能一体

有的浴室柜还带有 LED 化妆灯功能，因为洗手间吸顶灯照明往往无法满足梳妆需求，容易在脸上产生阴影，而 LED 化妆灯则可以提供更加清晰明亮的化妆效果。

卫生间里的湿度比较大，悬挂式浴室柜可以避免地面不好清理，长期引起发霉的情况。

悬挂式

最后需要提醒的是，无论是什么产品，好的售后是舒适体验的保障，选购时，也是需要考虑的一个因素。

11.2
4 ～ 6m² 卫生间这样干湿分离，小空间也不将就

卫生间是一个空间较小，但是要放马桶、淋浴等大件物品的空间，而且长期处在潮湿的环境中非常容易滋生细菌。怎样才能让卫生间干净又整洁呢？最好的方式就是做干湿分离，俗称隔断。一般来说，浴室的隔断主要有以下几种。

（1）玻璃隔断

玻璃隔断一般是利用推拉门，将卫生间里面作为淋浴空间与干区分隔开来。玻璃隔断的优点是通透明亮，既能有效节省空间，又能补充光源，相对来说适合空间稍大的简约风格家居设计。如果害怕水漫出来，可以把挡水条做得高一点。想要浴缸的家庭可以选用半玻璃隔断的形式进行搭配。如果觉得透明的玻璃不方便，则可以选用磨砂玻璃配合网红款黑色框架，既能够增加隐秘性，而且与玻璃冰冷的质感相比，冬天热气腾腾的淋浴间也能带给人们满满的幸福感。

（2）独立淋浴房

独立淋浴房就是单独在一个角落安装一

个淋浴房。这种淋浴房比较适合正方形的卫生间，一般用全玻璃作为隔断。淋浴房有钻石形和半圆形弧线的样式。半圆形弧线更加圆润，不会让浴室变得冷冰冰，不过对于玻璃推门的质量要求也会更高。

（3）墙壁隔断

稍微大一些的户型可以尝试墙壁隔断。墙壁隔断在浴室隔断中防水效果最好，而且也最耐用。墙壁隔断可以把浴室分为两个独立的空间，不仅足够防水，而且隐私也能得到充分保障，干区的墙壁还可以用来储物。如果旁边有马桶，还可以放一个卫生纸架或者设计一个扶手，方便老人和小孩使用。如果担心墙壁隔断采光不好，则可以选择半墙壁隔断，这样既能达到隔断效果，又兼顾采光，设计好的话也是非常美观的。

（4）浴帘

如果卫生间太小不适合隔断，又想做干湿分离，浴帘就是最好的选择，经济实惠，

安装方便，随时随地，想换就换，考虑到选择困难的人群，可以选用白色浴帘，经典百搭。

最后总结一下：如果空间足够大，就选择墙壁隔断或者玻璃隔断的形式；如果面积中等，就选择玻璃隔断或者半墙隔断；如果是稍显局促的空间，可以选择淋浴房或者布帘隔断。

11.3
学会这 4 招，解救你的阴暗潮湿卫浴

一般没有窗户的卫生间叫作暗卫，暗卫是户型本身的缺陷。传统暗卫都会出现潮湿、阴暗、有臭味的问题，如何才能让暗卫和明卫一样干爽清新呢？

（1）解决通风问题

通风不畅是暗卫最明显的问题之一，加装换气量大的排气扇是最实用，也最容易解决的方式。排气扇在通风和换气两个方面都发挥重要作用。排气扇分为吸顶式、壁挂式和窗挂式三种。建议安装吸顶式，相对壁挂式排风效果更好。因为没有窗户可以直接淘汰窗挂式。吸顶式排气扇安装在吊顶上，美观、整体性更强。

（2）加强暗卫光线

暗卫需要解决光线不足的问题，使暗卫

更加明亮，不会封闭压抑。加强光线通常有以下几种方式。

①拒绝暗沉色调，白色为主。暗卫本身光线昏暗，所以在其整体装修色调上，一定要选择亮色，例如以白色为主，白色的大面积墙壁光泽又明亮，让小空间有宽敞感。

②尽量选择透光材料。把实木门换成透光性比较好的玻璃门或者磨砂门，可以把卫生间外的光源补充到卫生间，而且玻璃比厚重的木门轻盈，不占地方。

③镜子增加通透感。也可以利用镜面的通透和折射来增强卫生间的光线。

（3）暗卫除臭

暗卫另一个需要解决的问题就是除臭，特别是主卧里面的暗卫除臭一定要做好，不然臭气容易散到房间里面，让人极度不舒服。除臭地漏不能少，卫生间地漏要安装防止反味的除臭地漏，要满足排水快、防臭味、防堵塞、易清理4大条件。

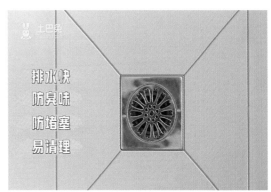

选择防臭的地漏，防止臭味反灌，日常还要做到勤清理。选择密封性强的坐便器也是防臭的重要步骤之一。蹲厕容易反味，有臭气，而马桶用完马上盖上盖子，能够避免臭气外逸。

（4）告别潮湿

暗卫通风差，水汽散得比较慢，容易潮湿，所以防水方面的工作一定不能马虎。墙面、地面的防水，无论是暗卫还是明卫都要做。潮湿的暗卫墙面防水不能省，特别是临近房间的墙面防水要做到顶，在刷完防水漆后加贴瓷砖，到顶防水效果会更好。

地漏和地面的合理安装应该有一定的坡度倾斜。有一定坡度的地面能使卫生间的水

尽快排走，不会造成地面湿滑难干。

用好上面这几招，暗卫也能像明卫一样明亮舒服，告别昏暗潮湿。

11.4
干湿分离如何做？这3种方法非常实用

干湿分离是卫浴设计中比较流行的设计理念。干是指洗手台或马桶等地面无水的区域，湿一般指的是浴室。

干湿分离能够提高卫生间的面积利用率，使用马桶的时候并不妨碍洗脸、刷牙和洗衣服，还能减少卫生间因墙面、地面溢水而滋生细菌和虫子的情况。

主流的干湿分离形式有玻璃隔断、实体墙隔断和浴帘隔断。

玻璃隔断分为半开放式和全包式。半开

放式通常适用于小户型，常常选用一字型玻璃隔断，能有效节省空间。全包式通常是指玻璃淋浴房，空间更加开阔。实体墙隔断使浴室更有空间感，保护主人隐私，还可以在墙上做壁龛和收纳。

较小的卫生间可以安装浴帘，便宜不占地，但隔水效果较差，需要增加一个挡水条。

干湿分离的进化是三分离甚至四分离式的卫生间设计，将淋浴区与坐便、洗手、洗衣等功能完全隔开，适合两房一厅，三房一厅等容纳人数较多的户型。

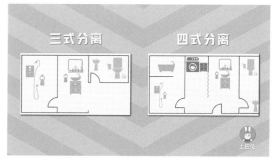

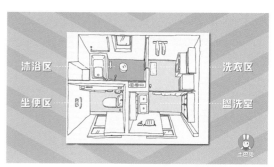

第 12 章

灯光、柜体、飘窗设计

12.1
让家更有质感，3招教你布置室内灯光

在一些优秀的建筑设计或者室内设计的案例中，我们经常会发现一种非常美好的质感。整个环境和材质可以说是水乳交融，仿佛就像在欣赏一件艺术品。

人们看到这样的案例，第一反应就是觉得这些色彩用得很漂亮，只要家里用上这样的色彩，一定也可以像它一样漂亮。但其实却忽略了另外一个非常重要的因素，那就是光线。

通常我们能接触到的光源分为两种：一种是自然光，还有一种是人造光。自然光就是指太阳光，以及所有自然环境中通过反射太阳光而形成的光线。人造光则是指灯泡、蜡烛、煤油灯等所有人造出来的光线。

一个好的布光设计绝对不仅仅只是把家里的空间打亮这么简单，更重要的是能够引导住户的视角，能够让你看到设计师想让你看到的东西。

这里我们简单谈一谈，在家装和建筑设计中用光的三个基本原则：焦点发光、环境发光以及点光源。

（1）焦点发光

焦点发光是指将环境中最想要突出的部分，用光去打亮它，形成反射，从而影响环境。比如，在走廊深处的一个花瓶、墙上的壁画，将他们打亮不仅仅能够提升观感，更重要的是能够在整个环境中形成一个视觉重点，同时也能够点亮整个空间。

（2）环境发光

环境发光则是将屋内大面积的屋顶、墙壁以及地面利用起来，形成一个大型的反射层，为屋内增添柔和的照明。很多人可能听说过射灯洗墙，就属于这种操作。除了射灯还有很多种灯光，如背灯、灯带等，都是利用灯光形成面光源。想要制造这种面光源，所选用的灯具亮度一定要够，不然的话就起不到任何作用了。

（3）点光源

点光源则是起到装饰的作用。这种光源可以是一串星星灯，也可以是金属、水晶等材质在环境中形成的反光。这些星星点点的光线充实了整个环境的观感，配合上焦点光以及环境光，起到了画龙点睛的作用。不过这种点光源千万不要选择太夺目、太亮的，否则就有点喧宾夺主了。

12.2
这6个地方装上柜子，让你的家变大

都说柜子越多家里越整洁，柜子用好了，可以直接为家里省出很多空间。装修的

时候家里哪几个地方可以多装柜子，又要装多少个柜子才合适呢？

（1）玄关柜

在玄关打一个到顶或者嵌入式的玄关柜，一家人的鞋子就有了好去处，又不容易有积灰死角。应注意玄关柜的实用性，上层区域放不常穿的鞋子，下层空间放当季鞋子，中间和最下面可以挖空，中间可放钥匙等小物件，下面可以放日常进门换的鞋子。

装嵌入式玄关鞋柜的时候要注意进深，女鞋鞋柜净深约 30 cm，男鞋柜 35cm 比较适宜。

（2）电视柜

如电视背景墙只用来装饰就太浪费了。好看又实用的做法是在墙上打一整面的柜子，可让家里扩容。如果不需要这么大的收纳量，可以做悬挂式电视柜，也可以放一排矮柜或细腿高脚柜，方便大扫除。

（3）橱柜

对于厨房这种零碎物品集中的区域，一个好的橱柜就能让其好看又宽敞。大家装修

的时候最好做大容量的整体定制橱柜，定做大小不等的分割，把厨具分门别类摆放，美观又能让厨房扩容。

（4）床柜

床柜不仅仅只有平常看到的小床头柜，像床头柜、背景墙，甚至是收纳床等都能增加收纳。

（5）飘窗柜

只要可以改造，飘窗的上、下、左、右空间都可以利用起来做成飘窗柜用来收纳。如果是木质的飘窗柜，则建议做在墙内或者用窗帘进行遮挡。

（6）阳台柜

阳台柜可以满足收纳、洗漱、展示的功能。如果担心洗衣机被暴晒，可以将其藏到阳台柜里；无处可放的清洁工具，放到阳台柜里都不是问题。

只要防水防潮做得好，这六个地方装上柜子立刻让你的家变大。

12.3
飘窗这样改，秒变新家最舒服的地方

飘窗最吸引人的特点，就是视觉效果好、颜值高，让房间看起来更加宽敞明亮。如果家里要做飘窗，这几个问题是需要考虑的。

（1）飘窗到底能不能砸

飘窗的储物功能让很多人垂涎三尺，但

是在现实生活中，一般飘窗都有水泥地台，那这个水泥地台能不能掏空做成储物柜呢？这个要视情况而定。

如果是钢筋混凝土浇铸而成的具有辅助承重功能的地台，我们将钢筋切断，就会破坏它的主体结构，是不允许的。

如果飘窗地台是砖砌的，并不具有承重功能，那么就可以敲掉做成飘窗储物柜。总之飘窗改造之前一定要询问小区的物业，千万不要私自拆除。

（2）要不要防护栏

如果防护栏是装在窗户里面的，那是可以拆掉的；如果它是装在窗户外面的，就要先与物业沟通，物业同意才可以拆。为了安全着想，飘窗护栏是一定要有的，尽量不要把飘窗开在儿童房，以免儿童攀爬发生意外。

（3）选择什么功能的飘窗

一般飘窗的类型有以下几种。

① 储物型飘窗。如果是可以掏空的地台，就可以把飘窗底部做成收纳柜，把平时换季的衣服、棉被都塞进去。对于储物空间很紧张的小户型来说，这是一个既美观又实用的好办法。不过还是推荐大家做成抽屉，平时放书和杂物，宝宝使用起来更加方便。对于小户型来说，还可以利用飘窗侧面的墙壁扩大收纳空间。

② 休闲型飘窗。可以在飘窗放上软垫、抱枕、小边桌，美观舒适。可以把这里打造成平时喝茶、看花、听风、看雪的好去处。注意需要把飘窗垫、小抱枕、窗帘，以及整个房间的色彩搭配起来，这样房间就可以更加美观。

③ 书桌型飘窗。这种类型的飘窗也是非常常见的形式，把飘窗整体垫高，打造一个临窗书桌，对于没有书房的户型，在卧室也可以为自己打造一个学习区域，但是一定要留出可以放脚的地方。

④ 卧室型飘窗。有些家庭也会把卧室的阳台封起来，将飘窗加几个收纳柜拓宽，并铺上软垫用来给宝宝睡。对于这种改造，安全性是第一考虑要素。

（4）没有飘窗的户型该怎么办

对于没有飘窗的户型，完全可以临时DIY一个。第一步先测量一下需要的飘窗尺寸，然后去买一个合适的隔架，横过来放地面上；第二步，如果飘窗的高度不够，可以买几个能伸缩调节的柜脚；第三步，买几个配套的收纳箱，塞进搁架里面；第四步，购买或定制你的飘窗垫或者飘窗靠枕。

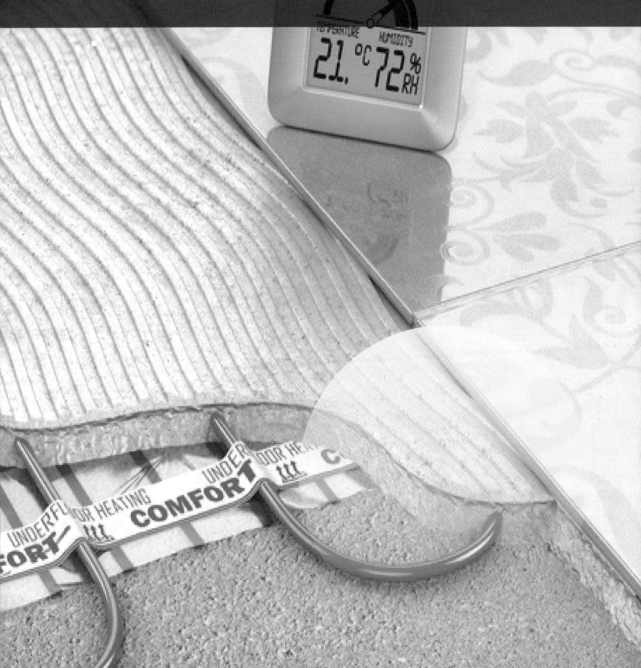

第**3**篇

装修材料选购

第 13 章

水电材料验收

　　水电材料验收就是看水电材料的品牌、规格、型号等和施工合同是否一致。具体验收材料包括给水管、排水管、线管、强弱电线等。

（1）给水管

　　对照给水管外壁品牌、规格等信息。可以用游标卡尺测量水管的厚度是否达标，以防买到残次品。

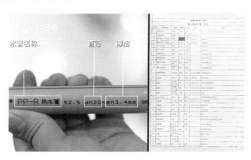

（2）排水管

　　同样对照排水管外壁信息进行逐一检查，可以用游标卡尺检测排水管厚度。

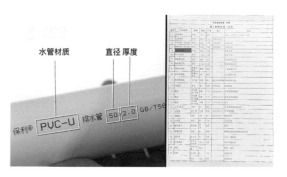

（3）线管

　　图中"20"表示线管外径 20mm，对应表中规格栏信息。

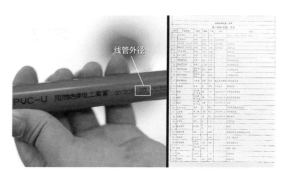

（4）强弱电线

首先要确认是否是阻燃线。有 BVR 字样的是阻燃线。阻燃线在家庭安全用电中起到至关重要的作用，万一出现碰线的情况，不会造成燃烧。BVR 线材就能起到阻燃的作用。

在家庭装修中，电线至少要用到三种颜色的线。一种是红色的线——火线。第二种就是蓝颜色的线——零线。第三种，也是最重要的一种，双色线——接地保护线。

观察 2.5 平方的电线，我们看它表面的绝缘皮，还是非常均匀的，是比较规范的。

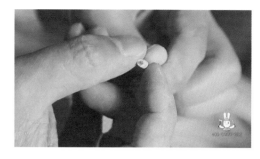

再看一下它的内芯，内芯为铜芯。2.5 平方电线的标准是 19 股多芯线。

第 14 章

泥瓦工程主辅材料选购

14.1
杂牌水泥危害大！4招教你鉴别水泥好坏

今天，大城市的上班族早已习惯了穿梭在高楼之间。但是，有没有想过究竟是什么让我们从过去的土坯房搬进了高楼大厦？答案就是水泥技术的发展和混凝土的普及。现在，我们的建筑90%都是水泥建造。但是，水泥产品也会根据不同的使用场景分为不同的强度等级和不同的品种。那么，我们作为普通消费者，在选购水泥时应该如何区分强度和品种呢？

（1）水泥的常见种类和使用场景

市面上常见的M、PC、PP、PSA、PO、PⅡ等。在民用建筑工程中，一般使用比较多的是M和PC。水泥袋上往往会标注有52.5、42.5、32.5的字样，这代表水泥强度水平从高到低适用于不同的场景。比如42.5、52.5强度等级的水泥品种，一般适用于各种工业与大型民用建筑工程。

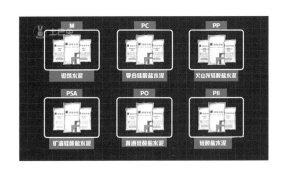

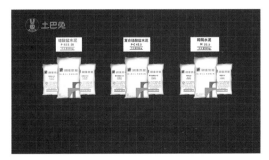

房屋装修一般则使用32.5等级的水泥，强度更为合适，而且性价比高。不同等级的水泥不能用错，水泥等级越高，其收缩程度越大。如果水泥等级过高，就会容易因为水泥凝结太快，引起胶漆起鼓、脱落、开裂的情况。因此，家装消费主要挑选M的品种强度，等级为32.5的水泥产品即可。

（2）水泥质量优劣的鉴定方法

面对品种繁多的家装水泥产品，作为普通消费者，应该如何鉴定水泥的好坏呢？有以下几步。

第一步，看包装质量。是否采用了防潮性能好，不易破损的编织袋或牛皮纸袋，看标识是否清楚齐全。通常正规厂家生产的水泥都明确标注注册商标、产地、生产许可证编号、执行标准、包装日期、袋装净重、出厂编号等。

第二步，听商家介绍关于水泥的配料，来预判水泥的质量。好的装修水泥黏性强、保水性好、收缩低、经久耐用。

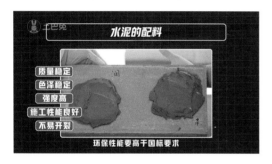

第三步，咨询水泥的生产厂家和生产工艺。看其出身是否正规，生产工艺是否先进。规模较大的正规厂家凭借先进的技术和设备，严格的管理制度，能够确保水泥产品质量稳定。为了避免买到假冒伪劣产品，最好是去品牌专营店购买。

第四步，触摸感受水泥的状态，辨别其出厂时间的长短。建议在出厂后的三个月内使用，以免储存环境导致产品结块而影响使用。优质的水泥，用手指捻水泥粉末会有颗粒细腻的感觉。劣质的水泥开口检查会有受潮和结块的现象，有粗糙感，说明该水泥细度较粗，不正常，使用的时候强度低，黏性差。

14.2
抛光砖与抛釉砖，是双胞胎吗

抛光砖和抛釉砖的根本区别是生产工艺不同。抛光砖和抛釉砖都是在烧制好的胚砖上进行不同的加工而成的。抛光砖是直接在胚砖上进行打磨抛光而形成的砖体，由于它是一体的，所以又叫通体砖。抛釉砖是在胚砖的基础上又加了印花和施釉，简单说就是又增加了一层。所以大家在对比的时候，只要把它们侧过来，就可以看到两者的不同了。

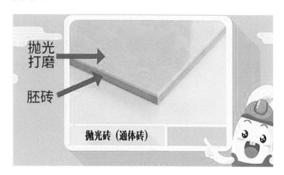

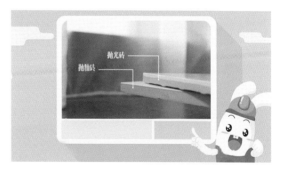

下面对二者进行详细对比。

（1）"颜值"对比

就像一个人穿了不同款式的衣服，而另一个人却是裸体。抛釉砖的花纹非常丰富，只有你想不到的，没有它印不出来的。而抛光砖在胚砖的时候就已经固定好了颜色和纹理。所以在颜值上是抛釉砖胜出。

（2）耐磨度对比

抛釉砖表面有一层釉，通透感十足，非常亮。但是只有薄薄的一层，所以它的耐磨度并不是很高。而抛光砖在胚砖的时候进行打磨和抛光，十分坚固耐磨。所以在耐磨度方面是抛光砖胜出。

（3）耐污性对比

抛光砖在制作的过程中会不可避免地产生凹凸不平的小气孔，这就很容易藏污纳垢。甚至是一杯茶就可以毁了一块砖，所以在出厂前商家都要涂上一层防污层。好的防污层可以用 5 ～ 6 年，差一点也可以用 1 年左右。而抛釉砖是要经过施釉、印花、抛釉三道工序，所以已经不存在小气孔，防污性能更佳。所以在耐污性方面是抛釉砖胜。

（4）价格对比

抛釉砖美观且使用寿命长，尤其是在印花之后，通透感强，十分光亮。薄薄的一层釉非常璀璨，像水晶一样美丽，但是它比较贵。而抛光砖制作简单，坚固又耐磨，所以它的价格比较便宜。所以在价格方面是抛光砖胜出。

14.3

2 分钟让你了解大理石砖

（1）外观

风花雪月的大理，去过的人没有一个不爱它，但你知道大理石名字的由来吗？没错，大理石就是因为盛产于大理而得名的。不过今天的主角可不是大理石，而是大理石砖。它最厉害的特点就是能模仿出天然大理石的花纹。一般来说，不管是它的纹理还是色彩跟天然大理石比起来，用肉眼都很难分辨清楚，而且大理石砖的质感和手感比起天然石材也毫不逊色。

（2）性价比

一般的大理石瑕疵多、易渗水渗污、难

以打理。而大理石砖在防水力、平整度、强度等实用性方面，都远胜天然大理石。更重要的是，天然石材或多或少都会有辐射，而大理石砖绿色环保，让您一家人远离辐射。

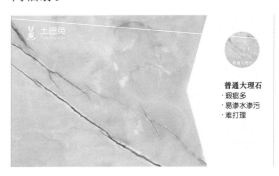

普通大理石
· 瑕疵多
· 易渗水渗污
· 难打理

大理石瓷砖
· 防水率好
· 平整度高
· 颜色饱满
· 硬度耐磨度
· 环保防辐射

天然大理石是大自然的产物，物以稀为贵。但是大理石砖是人工生产的，市场价一般为 200 ～ 500 元，一般的家庭还是消费得起的。

挑选颜色建议：大理石砖花纹生动、颜色丰富、规格齐全，绝对是家庭装修提升品质的利器。想要家看上去更高贵典雅，就选白色、灰色的大理石砖，不过要注意颜色的比例。还有一种叫劳伦特黑的大理石砖，虽然不常见，但它与白色线条纵横交错更显高贵大气。褐色与紫红色的大理石砖铺在卫生间和厨房能够瞬间提升格调。尤其是一些豪华星级酒店，简直就是它们的"忠实粉丝"。喜欢米黄色大理石砖的朋友，一定是一个内心温暖的人。总之，大理石砖比面包砖、小方砖更显高档大气，比花纹砖、防腐砖天然纯净。如果您住的是大房子，又恰好喜欢各种天然石材的纹路肌理，您千万不要错过大理石砖。

14.4
教你如何用"白菜价"买"土豪"瓷砖

其实，买瓷砖是一个"大坑"，在市场上看到的那些高端、中低端瓷砖很有可能是来自同一个厂商的同一批产品。这意味着同一个厂商生产的瓷砖只是品牌、档次不一，价格就相差好几倍。但它们的品质却很有可能是一模一样的。

我们先来了解一下，到底是什么导致了瓷砖的价格差异呢？第一就是营销成本。简单来说就是打广告是需要钱的，租商铺、水电费、导购员这些也是直接导致瓷砖价格差异的一个原因。第二就是颜值工艺。这是一个注重颜值的时代，瓷砖也是如此，买瓷砖其实就是花钱买颜值。同一个厂商生产同一批瓷砖，它的原料和烧制工艺都是相同的，最后出来的品牌虽然不一样，但是他们的基础质量还是一样的，也就是胚体相同，这一点很重要。

比如，微晶石抛光砖价格贵，是因为在它表面加了一道又一道的工艺，而这些工艺是要花钱的。

加工工艺复杂不等于提升功能。这些加工只是体现在表面，并没有提升它的功能价值和使用价值。所以买瓷砖就是花钱买颜值。

另外，同一个集团为了避免品牌之间的竞争，会在瓷砖上做一些细微的调整。比如说花纹细节，一是给销售人员留下一些销售空间，二是为了体现瓷砖高低档次的不同，但它们本质上还是同一款的产品配方。

如果你在高端店看上自己喜欢的款式，价格又十分昂贵，那可以去同一个母厂在定位更低的子品牌中购买。其实产品是差不多的，但价格却优惠了不少。

14.5
瓷砖挑选攻略，让你家装修不再普通

很多人都有这样的经历，第一次去建材市场买瓷砖的时候，整个人都是蒙的。明明长得一样的瓷砖为什么还分瓷片、抛光砖、釉面砖？其实瓷砖只有 4 大类，陶制瓷片、无釉砖、有釉砖、微晶石。

陶制瓷片

无釉砖

有釉砖

微晶石

（1）瓷砖种类多，怎么选

首先，需要考虑装修预算。微晶石瓷砖的价格最贵，然后是釉面砖，最便宜的是抛光砖。其次，可以从使用区域来划分。客厅、餐厅推荐用无釉砖里面的抛光砖或者高光的抛釉砖，价格是 $100 \sim 250$ 元 $/m^2$，就能买到不错的瓷砖。厨卫和阳台的墙面建议用抛光砖或者玻化砖，效果好还便宜。卫生间和阳台的地面很多人喜欢用仿古砖。其实仿古砖只是一种瓷砖风格，实际就是抛光砖或釉面砖通过颜色或者线条来表现的一种仿古风格，还可以防滑。

（2）如何辨别瓷砖的优劣

通常我们会从以下几个方面去考量瓷砖的品质。

① 吸水率。通常来说，吸水率越低（基本不吸水），证明瓷砖胚体的致密度越高，这样它的强度、硬度可能会相对更好一点。比如，我们可以在瓷砖背面滴上两滴水，观察它吸水、渗透的速度。水渗透得越快，就证明它的吸水率越高，那么它的强度和硬度可能不如渗透比较慢的低吸水率的产品。

基本不吸水那才是好的瓷砖

② 平整度。辨别瓷砖的平整度，主要看两面瓷砖正面合在一起的时候，它们的宽度间距是否过大，如果过大就证明瓷砖的平整度有问题。

③ 抗污性。在瓷砖的品类里面，抗污性由高到低的排序通常是：仿古砖＞抛釉砖＞抛光砖。所以如果我们对抗污能力要求比较高，则建议选择仿古砖。

④ 耐磨性。由高到低的排序通常是仿古砖＞抛光砖＞抛釉砖。比如一些刮痧的小实验也可以用来检验瓷砖表面的耐磨性。可能很多消费者在选购瓷砖的时候会进入一个误区，就是觉得同等规格大小的瓷砖是越厚或者越重的越好，其实不见得。随着现代科技的进步和生产技术的发展，很多厂家会把瓷砖越做越薄。至于它是否结实，表面的耐磨度是一项重要标准。

总之，除了刚才讲到的瓷砖的4项物理性能指标之外，在瓷砖的选购的过程中还要考虑一个非常重要的因素，就是美学因素。因为瓷砖就相当于装饰作品的皮肤，它表面的色彩、光泽度以及纹理、款式、花色与你想要的装修风格和家居生活的感觉息息相关。

（3）瓷砖选什么样的规格比较好

瓷砖规格的选择，需要根据所要铺贴的空间大小来选择。例如，如果客厅面积比较小（$30m^2$ 以内），则建议用 $600mm \times 600mm$ 规格以下的瓷砖；如果客厅面积超过 $30m^2$，则可以选择 $600 \sim 800mm$ 规格的瓷砖都可以；如果客厅面积已经达到 $40m^2$ 以上，那么选择的余地就更大了。除了传统的

800mm×800mm 规格的瓷砖，现在市场上还流行新的 900mm×900mm 规格以及更大规格的瓷砖。这种大规格瓷砖的使用能让我们家居空间的整体性和扩展性更大。

14.6
陶瓷、玻璃马赛克大比拼

（1）测密度

挑选一块玻璃马赛克和一块陶瓷马赛克，用水滴到它们的后面，观察水滴渗透的形状。水往外溢的质量好，往下渗透的质量差。

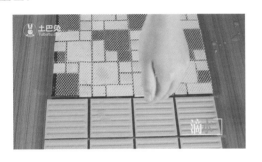

（2）测硬度

挑选合适的玻璃马赛克和陶瓷马赛克，拿出锋利物品（小刀或者钥匙），分别刮一

下它们的表面。表面划痕清晰的说明硬度较低，质量较差。

14.7
秒懂美缝剂

瓷砖在铺贴过程中都会留下一定的缝隙，是为了防止日后瓷砖因为热胀冷缩，

出现开裂甚至是起鼓的现象。美缝剂就是用来填补瓷砖之间的缝隙的。美缝剂是传统水泥勾缝剂的升级版，以环氧树脂为主要成分，显著提升了抗污性能和美观性，能够解决时间长了之后瓷砖缝隙发霉变黑的问题。

美缝剂分为油性的和水性的。油性美缝剂就是我们常说的真瓷胶和瓷缝剂。真瓷胶填缝后表面具有一定的亮度和光泽，搭配一些亮度瓷砖，比如抛光砖、全抛釉等效果亮丽的瓷砖，视觉效果自然大方。

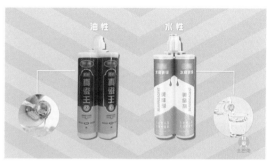

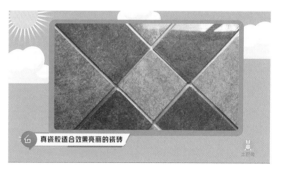

真瓷胶适合效果亮丽的瓷砖

真瓷胶适合效果亮丽的瓷砖

水性美缝剂又叫水瓷，环保性更好，价格也更加昂贵，适合做亚光类、仿古类

瓷砖的填缝材料，能够突出仿古砖的古典韵味。

美缝的人工费比较昂贵。普通大砖加人工费的价格为 20 ～ 35 元 /m²，如果是小砖或者工艺复杂的砖甚至能够达到上百元每平方米，想要节约预算可以自己动手做，但动手能力差的话不建议尝试，否则得不偿失。

随着住宅空间的扩大，人们对于空间装饰的需求不断往延伸开阔、更大、更少缝隙的方向靠拢。尤其对于生活忙碌又劳累的人来说，向往和追求空间的简化，可以获得一种心灵上的慰藉和放松。

14.8
根据风格选瓷砖

根据脸型挑发型，根据身材挑大衣，瓷砖也要先看风格再挑选。瓷砖直接影响一个家庭室内装修的颜值，各种装修风格各有特色。瓷砖市场上各类名称也让人眼花缭乱，那么多瓷砖到底该怎么选呢？本节详细讲解根据装修风格挑选瓷砖的一些技巧，以及瓷砖的色调、品类、铺贴方案。

（1）现代简约风格

当下非常流行极简风格，因为这类风格看上去震撼又干净、整洁。

现代简约风格的瓷砖怎么选择？目前，对于喜欢现代简约风格的业主来说，可以大胆地考虑采用陶瓷大板。陶瓷大板能承载更丰富的纹理图案以及细节，从视觉上给人一种空旷延伸的感觉，呈现出一种现代简约大气的效果。色彩以米白、浅灰、米黄等淡雅的颜色为主。

在打理方面，由于在大尺寸铺贴的过程中，它的缝隙比较小，藏污纳垢的地方自然少了很多，因此打理更加容易，地面更显光洁。

（2）乡村田园风格

贴近自然、追求质朴之感的乡村田园风格几乎从未过时。家庭装修中的碎花、布艺、竹藤、实木等田园元素让家居环境更加舒适安详。乡村田园风格瓷砖的选择可以使用中性色系和暖色系的仿古砖。

仿古砖是在瓷砖上面做了一层彩釉，这层釉做出来的图案、色彩以及纹理都呈现出一种怀旧复古的效果。

（3）东南亚风格

东南亚风格让人在家也有度假的感觉。这种风格为了避免空间的沉闷压抑，会在装饰上用夸张艳丽的色彩冲破视觉的沉闷。斑斓的色彩其实就是大自然的色彩。在色彩上回归自然也是东南亚风格家居的特色。

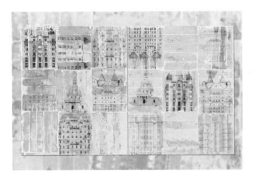

仿古砖色彩层次非常丰富，有一种油画般的气质，再加上细腻温润的表面肌理，能够满足现代都市人对休闲、舒适的向往。

大理花纹石是近年来欧式轻奢装饰风格中比较流行的元素，所以在挑选瓷砖的时候可以选择一直很流行的大理石瓷砖。在挑选这类瓷砖的时候，主要看它的花纹是否自然逼真地还原了天然石材的纹理。

东南亚风格的家居设计，以其来自热带雨林的自然之美和浓郁的民族风情风靡全球。既有民族特色，又以休闲舒适为主。可以挑选一些自然简约的竹纹砖以及木纹砖等，打造自然原生态的状态。

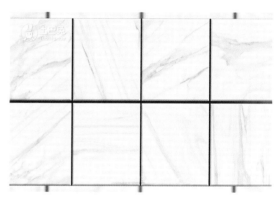

为了打造最洁净的空间，装修上应弃繁从简、注重实用。瓷砖色彩上多用一些中性色调，让空间更显得自然休闲，把低调的奢华感觉衬托出来。在局部空间的瓷砖铺贴上可以用更加复杂的拼花组合，能够起到画龙点睛的作用，效果也更加抢眼。

（4）欧式轻奢风格

14.9
瓷砖还有这样的，千万别错过

　　说到瓷砖大家可能觉得非常熟悉。家里、餐厅、商场、写字楼，瓷砖都随处可见。但真正到了自己家要装修的时候，面对形形色色的瓷砖，还是不知如何选购。其实瓷砖的生产技术发展到今天已经非常成熟，越来越多的产品变得更加实用和人性化。下面介绍一些新型的瓷砖材料。

　　（1）二次装修的理想选择——陶瓷薄砖

　　相对于新房的装修，二次装修显得更加麻烦。尤其是墙地面的翻新不仅工序非常繁杂，而且拆旧过程中还容易破坏原有的水电路线，因此让人非常苦恼。陶瓷薄砖比传统的瓷砖厚度要薄得多，仅仅有 5.5mm，是传统瓷砖的 1/2。由于它体薄、质轻、切割简单的特点，在二次装修的过程中无须再把原有墙地砖撬起，可以直接在原来的装饰面上进行铺贴。这样不仅可以减少工序和噪声，也能够降低铺贴过程中的成本，大大缩短了施工期，是二次装修非常理想的选择。

　　（2）可直接做台面的瓷砖——陶瓷砖

　　说到台面材料，大家可能会首先想到石英石。虽然石英石的各方面性能都比较平衡，但在拼接过程中做不到无缝，会有些痕迹，影响美观。

　　现在有一种更全面的陶瓷材料可以做台面，就是陶瓷砖。陶瓷砖是陶瓷界的巨无霸，它耐磨、耐风化、耐紫外线辐射、耐热

不起雾、不吸水、适应多种黏合剂和砂浆，能安装在多种基材上面，也能应用在不同环境当中，包括极具侵蚀性的环境。其外观设计多样，除了可以用于墙地面、背景墙、建筑外墙以外，还可以直接用在办公桌、餐桌、客厅、橱柜、洗手台、茶几等多种台面，既大气又有质感。

　　（3）防水也防滑的瓷砖——防滑砖

　　对于小孩和老人来说，滑倒摔跤都非常危险。因此，为家中选择一款优质的防滑地砖非常重要。在选购防滑地砖的时候，可以参考瓷砖的摩擦系数。按照国家标准，摩擦系数一共分为 5 个等级，选择摩擦系数在 0.5 以上的瓷砖会更加安全。

地砖的摩擦系数与安全级别	
0.34以下	防滑性差，极度危险
0.35~0.39	防滑性差，非常危险
0.40~0.49	防滑性差，危险
0.50~0.59	防滑性较好，符合安全级别
0.6以上	防滑性好，非常安全

此外，我们还可以通过眼观、手摸、脚踏实验、试水实验等直观的物理方式去测试瓷砖的防滑性。

除了物理方法外，还可以关注瓷砖中是否有防滑成分。

（4）可以替代实木材料的瓷砖——木纹砖

木纹砖是一种仿古木瓷砖，以优越的物理性能打破了原木地板的种种禁忌，成为了当下健康家居装修材料的首选。木纹砖可即铺即用、不怕刮划、不容易变形、抗污性能非常好，维护也简单，防潮防火，同时还具备非常好的导热性，适合搭配地热使用，规格非常丰富。其适用范围广，既可以铺地面，也可以上墙，完全可以替代实木地板材料。并且可以进行直线、曲线切割和各种复杂的加工，既适用于大厅、房间、厨卫等家庭空间，也能用于商业空间。

抛釉砖

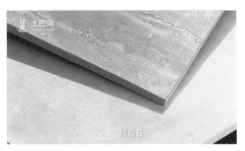
微晶石

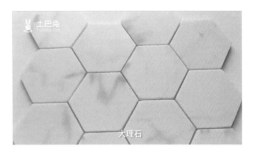
大理石

14.10
选购瓷砖，你最想知道的都在这里

其实，瓷砖在家庭装修中的使用面积也不小，使用次数也比较多。现在市面上主流的瓷砖种类很多，如抛光砖、抛釉砖、微晶石、大理石等。

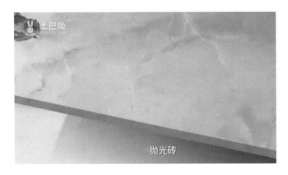
抛光砖

每一种瓷砖的特性又不一样。所以消费者在选择这些装修材料的时候，就应该考虑这些瓷砖的特性。

下面介绍抛光砖、抛釉砖、仿古砖、微晶石、大理石的主要适用范围。

（1）主流瓷砖的特点及适用范围

抛光砖：主要用在客厅的地面和墙面，有的时候卧室也会用到。

抛釉砖：它的纹理比较丰富，给设计师提供了更多的素材，设计的方案会比较多，会使用在一些客厅、卧室。

抛釉砖特点
·纹理丰富
·设计方案多

仿古砖：它的表面有亚光类的釉料，主要是做一些仿木纹、仿石材、仿砂岩的效果，多使用在卧室和厨房。

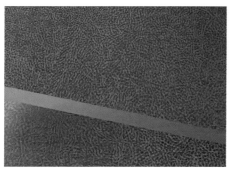

微晶石：学名叫陶瓷微晶玻璃复合板，属于玻璃类型，防污耐磨度相对差一些。因为具有立体通透晶莹的感觉，所以装饰效果是最好的，只是后期的一些维护费用会比较高。

大理石：市面上比较多，耐磨度、耐刮度特别好，装饰效果也比较好，适用范围也比较广。

前边提到厨房和厕所可能会选用仿古砖。其实在我们的家居装修中，客厅使用的瓷砖规格是比较大的，但是在厨房以及厕所使用的瓷砖规格又比较小，那选择的依据是什么呢？

（2）瓷砖的规格

厨房和卫生间的空间比较小，铺800mm×800mm或者600mm×600mm的这种瓷砖，第一会浪费材料，第二给人的感觉也会特别压抑，显得比较拥挤。现在主流的客厅面积就在 $40 \sim 50m^2$，主流的800mm×800mm、900mm×900mm规格的砖，铺在客厅会显得客厅档次比较高，视野比较宽阔。

（3）如何识别瓷砖的品质

① 看。看瓷砖是否平整，看胚体的颜色是否有黑点，有无气孔，看侧面，验 logo。

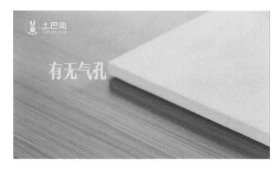

② 掂。用左手和右手分别掂量尺寸相同的瓷砖。分量越重的瓷砖质量越好，反之较差。

③ 听。分别准备一块小规格和一块大规格的瓷砖，敲击瓷砖的中间部位。如果发出的声音浑厚且回音绵长，则瓷砖的质量较好。

④ 测。一测平整度。准备四块规格相同的瓷砖，将它们拼合在一个平面上，看对角是否能对齐。如不能对齐，则尺码肯定不一样。

二测防渗污能力。准备一块瓷砖用干抹布或者刀片把桌面的蜡去掉，在砖的正中滴油污、茶渍、墨水等污染物，停留 10 分钟。再用清水冲洗，然后用抹布擦干。如果能简单祛除，说明防污性好。

（4）如何选择性价比较高的瓷砖

除了质量，其实消费者最关心的就是价格。那么该如何去挑选一块性价比高的瓷砖呢？

① 抛光砖。这一类砖可以用在客厅铺地面，在客厅切割上墙。也可铺在卧室的地面上。还有一些人把它用在厨房和卫生间，切割上墙。装饰效果比较美观，性价比也是比较高的。

② 大理石。装饰效果好，但是价格贵，维护成本也比较高。

③ 仿古砖。适用性要比抛光砖差，因为它主要是以小规格为主。也有人喜欢在客厅铺这个，但相对比较少。

④ 微晶石。属于"土豪"产品，能给人特别强的视觉冲击力。由于立体感比较强，花式纹理比较丰富，因此它的后期维护费用比较高。根据这个来说还是推荐抛光砖。虽说纹理比较差，但是实用性和耐用性比较高，价格方面有一定的优势。

如果对纹理要求高，则可以选择抛釉砖。至于微晶石可能需要花费大量的时间和成本去维护，如果不在意花费可以根据自己喜好随意选择。

14.11
岩板是什么？为什么这么火

近年来，岩板在装修界受到火热追捧。有数据显示，2020年1～5月建筑陶瓷业各陶瓷细分品类同比下降，岩板却实现逆袭，市场关注度同比增长292.5%。可能有人会问，岩板是什么？为什么这么火？

第一次见到岩板的人都会觉得新鲜。敲打的声音听起来既像岩石又像陶瓷，看上去像大理石，摸上去又没那么光滑。那它到底是什么成分呢？

岩板是由长石、石英、黏土等天然矿物质组成。借助10000t以上的压机压制，再投入温度高于1200℃的窑炉烧制而成。它能直接接触高温物体甚至2000℃的明火也不会破裂变形或变色，更不会散发任何气味。很多人选择用它来做厨房台面，因为它耐刮磨，普通刀具都不会伤害到岩板表面。而且它的表面可以直接与食物接触，用餐后只需要用湿毛巾擦拭就能清理干净了。因为岩板密度高，渗水率为0.5‰，防渗透性能好，所以清洁起来非常方便。

岩板的厚度为3～20mm不等。虽然可以做到很薄，但它硬度大，在上面直接砍骨头也没问题。岩板应用的场景也非常多，比如橱柜中岛台、边几餐桌，甚至茶盘都能有它的身影。

一般来说，3～6mm的岩板可以用到门板和墙面的装饰上，12～20mm的岩板可以用作厨房台面或餐桌台面，可谓是全能选手。然而，岩板也不是没有缺点的，一个缺点就是贵，另外一个缺点就是目前的市场混乱。任何新事物在兴起的时候都会存在价格混乱、品质良莠不齐的现象，这也是岩板目前所处的阶段。不少商家浑水摸鱼，打着岩板的名号和价格，却把普通的陶瓷大板卖给消费者。要知道岩板的均价可是陶瓷大版的 5 倍左右，市面上对岩板的定义也一直众说纷纭。

第 15 章

木工工程主辅材料选购

15.1
什么是石膏板？两招教你区分石膏板的优劣

石膏板是以石膏粉为主混合成石膏浆，经加工定型后制成的板子。重量轻，厚度薄，具有一定的隔热和防火等功能，是装修中常见的建筑材料。

比如这个天花板，用的就是石膏板中常见的一种——纸面石膏板。两面有护面贴纸，增加了一定强度，且价格便宜，容易安装。但是由于隔声效果不理想，一般在家装中用于天花板吊顶，很少用于隔断。

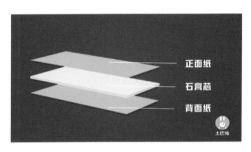

还有加纤维的纤维石膏板，内部有空间的空心石膏板和装饰石膏板等。可根据需求，选择不同特性的石膏板。

但选购时一定注意两个标准。第一，表面越平整，质量越好。观察表面是否平整光滑无开裂，有贴纸的要注意看贴纸是否贴得牢固。第二，石膏密度越高，质量越好。可通过查看切面是否有杂质或明显的气孔来判断。

木龙的优点是价格便宜，便于做圆形、弧形等特殊造型。缺点是不防潮，容易变形。

使用在客厅房间吊顶隔墙时，最好刷上防火涂料。使用为地板时应该做好相应的防霉处理，否则会影响木地板的使用寿命。

木龙骨通常是成捆销售，购买时一定要拆开仔细检查，以防商家在其中夹杂次品。轻钢龙骨质量轻，强度又高，有很好的耐腐蚀性能，成为了现代家装的主流。

但是轻钢龙骨配件多，因此会更"厚"一些，在施工时一般会占用 15cm 的高度。

15.2
装修选木龙骨还是轻钢龙骨？先了解这些特点

龙骨是一种制成造型、固定结构的建筑材料。家庭装修安装实木地板和吊顶都少不了它。一般可以按照材料分为木龙骨和轻钢龙骨。

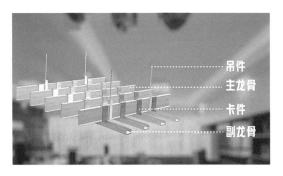

一般家装吊顶，造型方正简单，大部分情况都可以使用轻钢龙骨。

如果家里层高比较低的话，则可以只做一圈吊顶或者不做吊顶。

15.3
家里装修，要不要吊顶？吊顶材料怎么选

吊顶有两大作用：一是用于遮挡设备、管道，便于安装灯具、中央空调等。

吊顶类型目前主要有集成吊顶、石膏板吊顶。

如厨房、卫生间因为有管道和取暖通风设备，基本都会做吊顶。

集成吊顶是目前厨卫吊顶的主流，将灯、排风扇、浴霸等产品集合在一个吊顶内。

二是装饰作用。用于协调空间比例、塑造房间风格，比如客厅卧室的吊顶。

集成吊顶使用的材料大部分是铝扣板，性能好，拆装灵活。缺点是连接处缝隙非常大。

石膏板吊顶价格便宜，可做的花样多。但缺点是不防潮、检修困难。

15.4
实木地板、实木复合地板、强化地板，哪种地板适合你家

地板是我们常用到的装修建材，在家庭装修中主要用到的地板种类有实木地板、实木复合地板、强化复合地板三种。

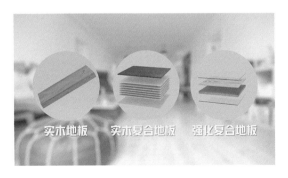

实木地板是由天然木材加工而成的，其最大的优点是天然。天然的纹理，天然的质感，安全无污染，而且使用时间久了，可以通过翻新让看上去破旧的地板焕然一新。但实木地板价格昂贵，每平方米要四五百元起步。另外耐磨性较差，容易受潮变形，需要定期打蜡保养也都是它的缺点。但是只要你经济上能够承担，而且不嫌麻烦，能定期保养，那么选择实木地板自然是最好的。

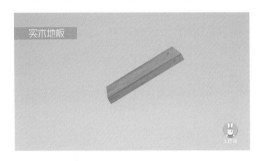

实木复合地板是由实木单板添加胶水后压制而成的。实木复合地板的优点是保留了木材的天然纹理和质感，又比实木地板更加耐磨，保养起来也没有那么麻烦。但是实木复合地板含有甲醛，在环保方面就远不如实木地板，购买时可以通过检验报告来判断地板环保等级是否达标。如果你的预算还算宽裕，想要好一点的效果，但又不想经常打理的话，那么也是可以选择实木复合地板的。

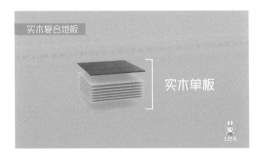

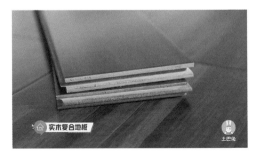

强化复合地板是由耐磨层、装饰纸、密度板等加胶水制造而成的。强化复合地板耐磨、耐刮、耐潮湿、花色繁多，价格低廉也是它的强大优势。不过强化复合地板脚感就差了很多，而且甲醛含量相对较多，购买时同样要注意环保是否达标。强化复合地板比较经济适用，在预算不多又想给家里铺上地板的情况下，它便是我们的最佳选择方案。

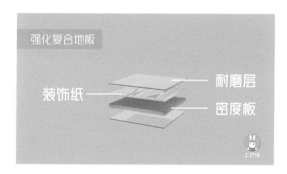

15.5
木地板常见问题大揭秘

（1）湿胀起拱

湿胀起拱主要指木地板表面局部向上拱起，或者几块木地板一起向上拱起。主要原因是木地板遇水膨胀或是木地板在铺贴时板面与板面之间并没有按照要求预留伸缩缝，随着环境的变化木地板就容易膨胀起拱。

遇到这种情况，首先要经常开窗通风，使室内外的空气形成对流；其次在铺设的时候一定要预留伸缩缝。

如果是实木地板起拱，一般要先将家具挪开，再请专业人士把地板撬起来。然后尽快把地板表面和底面的水分擦干，或者用冷风吹干。切记一定不可以用热风，否则地板会受热胀冷缩影响变形。

如果是强化复合地板起拱，只需把踢脚线拿开露出伸缩缝，靠伸缩缝来蒸发地板里面的水汽就可以了。通常需要一周左右的时间来干燥。

（2）瓦片状变形

瓦片状变形是指单个木地板横向两头向上翘起。其原因跟湿胀起拱是一样的，也是因为木地板受潮或木地板下方受潮，使下方的木材膨胀，会比上面的木材长，所以就形成了两头向上翘起的瓦片状变形。

如果实木地板出现瓦片状变形，这块地板就报废了，需要换掉。如果实木复合地板或者强化复合地板出现瓦片状变形，则可以把它周边的地板先拆掉，然后把这块变形的地板晾干，等它的形状恢复之后再把它放回原处。

上面所说的两种情况其实都是因为受潮引起的变形，它们之间的差异就是局部与整体、变形程度大与小的差别。如果受潮严重，从整体表现来看就是受胀起拱，对于单块木地板来说就是瓦片状变形。

（3）板面产生裂缝

这是指木地板表面会有细小的裂纹，再严重就是漆膜拉裂，主要原因也是木地板受潮。木地板受潮之后内部板材会膨胀，而木地板表面的漆膜弹性不能承受内部板材的膨胀，所以就出现了表面漆膜拉裂。

如果只是少量气膜开裂，直接进行补气修复就可以了；如果开裂的面积比较大，那么就需要将地板磨平后重新喷漆。

（4）木地板行走有声响

细心的朋友可能会发现这样一个问题，就是木地板安装之后，在上面行走时会发出嘎吱嘎吱的响声。这又是什么原因导致的呢？首先是因为在铺设前地面不平整，导致龙骨产生上下位移，大大降低了其牢固性。

木材直接加工而成的地面装饰材料。实木地板的突出特点是保留了原木的天然纹理和质感，外表美观，脚感舒适。而且实木地板绿色环保，几乎不含有甲醛等污染物。而且使用时间久了，还可以通过翻新让破旧的地板看上去焕然一新。

其次是因为龙骨在安装的时候含水率过高，经过一段时间干燥之后，龙骨的含水率又降低，导致龙骨变形，从而引起木地板变形。

但是实木地板的耐磨性和稳定性相对较差。过于潮湿和干燥的环境都会引起实木地板变形。需要定期打蜡保养，而且实木地板价格昂贵，每平方米最低要四五百元。

另外，安装工艺不规范，也会导致行走时会有声响。伸缩缝要符合要求，缝隙要整齐，保持干净无杂物，一定要做好防潮隔离措施。木地板安装的第一年经过了四季的交替，如果没有出现问题，就说明该地板适应了它所安装的环境。日后只需定期进行维护，就可以延长它的使用寿命了。

值得注意的是，市场上还有一种实木复合地板，虽然名字中有实木，但它并不是实木地板。选购时可以通过两点来辨别。一是看地板的表面纹路和横切面纹路，如果纹路一致可以合成一体，则说明地板是由一整块木材制造而成的实木地板。

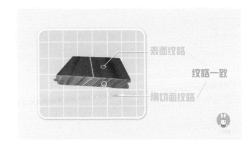

二是将多块地板进行对比，如果地板表面纹路完全一致，则极有可能是人造地板，因为真正的木材不会做到纹路几乎一样。

15.6
两招辨别实木地板真伪！选购还要注意这些

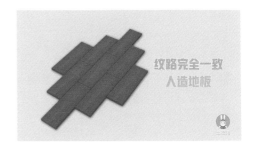

实木地板又称原木地板，是用天然实体

另外还需要注意的是，实木地板含水率是非常重要的指标，含水率过高和过低都会使木地板因为环境的变化而起翘或开裂。

我国不同地区对实木地板含水率的要求不同，通常含水率在8%～13%为宜。一般木地板的经销商都会有含水率测定仪，购买时可以要求商家进行检测。实木地板建议选择中短长度地板，长度宽度过大的相对容易变形。一般情况下客厅区域的活动量较大，建议购买强度较高的木材，比如杉木、柚木等。而卧室区域相对活动量较小，则可以选择硬度没那么强，但价格便宜的木材，比如水曲柳和红橡等。

15.7
常见木地板类别及特点

目前市面上的木地板主要有五类：实木地板、实木复合地板、强化复合地板、软木地板以及竹木地板。其中，实木地板、实木复合地板、强化复合地板是目前室内装饰市场上比较常用的三种。

实木复合地板

强化复合地板

软木地板

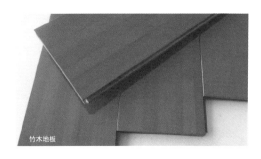
竹木地板

（1）各种木地板的特点与区别

实木地板又称原木地板，是用天然木材直接加工而成的地面装饰材料。实木地板就像一块纯巧克力，内部与外部是一体的。

实木地板

实木复合地板分为三层和多层，它就像是一块巧克力威化。由表面的一层实木面板以及多层基材板混合胶水压制而成，胶水的好坏直接影响木地板的环保性。

强化复合地板一般由耐磨层、装饰层、密度板等加胶水制造而成。在北方有地暖的房间内，尽量不要选择强化复合地板，可以选择实木复合地板。

（2）木地板选购技巧

① 看外观。主要看木地板的纹路是否清晰，是否自然。实木地板自然无需多言，对于强化复合地板，不要选择几何图形非常规律，看起来一模一样的地板，这种木地板的质量一般不会太好。

② 看漆膜。主要是实木地板和实木复合地板，看地板表面的漆膜，现在亮光漆已经被市场淘汰，大部分的地板油漆都是亚光的。一是看漆膜是否均匀柔和，表面是否有鼓泡、漏漆以及孔眼的情况。二是手触摸漆膜，感受它的表面触感是否舒适。为了增强木地板的触感，达到按摩脚底的作用，很多厂家在各类木地板表面都做了3D 凹凸效果。

孔眼　　　漏漆　　　鼓泡

③ 看规格。木材的尺寸越小，越不容易变形，稳定性越高，所以要尽量选择规格小的木地板。

④ 看耐污性。有一个非常简单的方法可以测试木地板的耐污性。用水性笔在木地板上画几下，好的地板简单擦拭就没有了痕迹，不好的地板污渍则非常明显。

⑤ 看耐磨性。实木地板和实木复合地板的耐磨性取决于它表面的油漆，目前公认比较好的油漆是德国的坚弗油漆。强化复合地板由于表面本身就是耐磨层，所以它的耐磨性比实木地板和实木复合地板都要好，它的耐磨性主要是看它的耐磨转数。

⑥ 看性价比。实木地板偏贵，它在地板界享有尊贵的地位；实木复合地板的性价比是比较高的，既保留了实木的特点，又增加了稳定性；强化复合地板是性价比最高的，它的耐磨性和稳定性都非常好，安装简单易于保养。

15.8
踢脚线秒懂百科

踢脚线最重要的作用就是遮挡缝隙。

由于木地板存在热胀冷缩的现象，所以装修时会在地板与墙面之间的交接处留出缝

隙，安装踢脚线就能够遮住缝隙，使整个家更加美观。其次在打扫卫生时，踢脚线也能够有效保护墙面不被弄脏，对于整个家的整体效果至关重要。

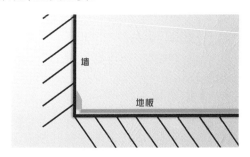

如何才能选对踢脚线的颜色呢？

第一，踢脚线与墙面同色可以更好地让踢脚线隐身，并且不会影响房子的层高。

第二，与地板同色可以使得地板与踢脚线看起来浑然一体。

第三，选择与门套颜色、宽度相同的踢脚线，这样会使整个家具有整体感。

15.9
什么是颗粒板？用颗粒板做柜子环保吗

颗粒板又称刨花板，是原木材料打碎后两边使用细密木纤维，中间夹长质木纤维添加胶黏剂后人工压制而成的板材。

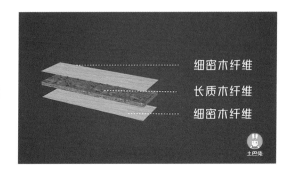

好的颗粒板一般使用实木作为原材料，又称实木颗粒板。颗粒板的优势在于其强度稳定，因为颗粒板表面平整，不存在虫眼、翘曲、开裂等问题，横纵强度均匀。

颗粒板具备更好的机器加工性能，可进行锯、砂、刨、钻、钉等操作。适用于多种装饰需求。在日常生活中也非常实用，承载一些厚重的衣物也不容易变形。

不过，由于颗粒板在加工过程中会使用到大量的胶黏剂，可能会存在甲醛超标的潜在风险。因此在选择颗粒板的时候一定要确认是否符合相关标准。颗粒板的环保等级分为 E2、E1 和 E0，数字越小，甲醛标准就越严格。

15.10

选择甲醛含量低的板材，关键看这个参数

甲醛是主要的装修污染物，具有致癌和致畸形的危害。一个刚装修好的新家，室内甲醛严重超标。甲醛从何而来？家里的定制衣柜，我们把它拆分开，除了少量的五金配件，大部分都是人造板材。这些板材中的甲醛就是室内甲醛的主要来源之一。选用甲醛含量低的板材可以从源头上减少室内甲醛含量。

什么样的板材甲醛含量低呢？首先我们要了解板材中的甲醛从何而来。

纤维板又称密度板，目前被广泛用于各种家具的制造。

纤维板的制作流程看上去很复杂，但核心步骤其实很简单。将木材原料打碎，分成纤维。给纤维添加胶水、压制、锯切，一块纤维板就制作完成。随后这些纤维板将被裁切、运输、组装，最后变成漂亮的家具出现在你的家中，而甲醛也随之而来。

上述环节中似乎没有甲醛的出现，那它是怎么混进来的呢？注意最重要的环节，给纤维添加胶水，这一过程中会用到大量胶水。

目前市面上用于制造板材的胶水，主要为甲醛类胶水。这类胶水使用尿素和甲醛进行合成反应生成脲醛树脂，再添加固化剂、助剂。为了保障胶水的胶黏强度和稳定性，这一过程中必须让尿素充分反应。

为达到这一效果，一般不得不添加过量甲醛。这会导致甲醛反应不充分，使脲醛树脂中残留未反应的甲醛和已经参与反应的甲醛部分生成不稳定的基团。这些基团会发生逆反应，分解释放甲醛。另外在板材使用过程中，胶水在受到光和高温的作用时，也可能会老化分解，释放甲醛。

由此可以得出结论，板材中的甲醛主要来源于胶水。而且无论你听到的板材名字如何，只要是人造板材情况都是如此。如果想要板材中的甲醛含量低，那么胶水中的甲醛含量就必须要低，所以胶水很重要。

目前市面上用于制造人造板材的胶水主要有三种：脲醛胶、三聚氰胺改性脲醛胶和聚异氰酸酯胶。

（1）脲醛胶

脲醛胶又称 UF 胶，主要由甲醛和尿素合成。这类胶水制作工艺简单，价格低廉，被广泛用于人造板制造中。在目前的家装木制品行业中，使用量占 90% 以上。但正如上面所提到的，胶水制造过程中会用到大量甲醛，所以其甲醛含量在三种胶水中相对最多。

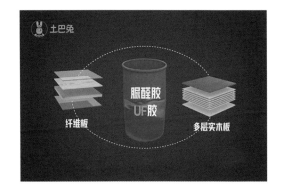

（2）三聚氰胺改性脲醛胶

三聚氰胺改性脲醛胶又称 MUF 胶。它是在脲醛胶的基础上加入三聚氰胺对胶水进行改性，提高了脲醛胶的耐水性和稳定性，同时又降低了脲醛胶中的甲醛含量。

（3）聚异氰酸酯胶

聚异氰酸酯胶又称 MDI 胶，主要原料

是异氰酸酯。异氰酸酯是一类含有高度不饱和键异氰酸基基团及少量氨酯基的有机化合物，胶水的生产不需要用到甲醛，因此胶水中不含有甲醛。

从以上三种胶水的对比来看，甲醛含量 UF 胶大于 MUF 胶，MDI 胶不含甲醛。那我们是不是就可以愉快地购买用 MDI 胶制造的板材了呢？

我们再来看一组价格对比，MDI 胶的价格远远高于另外两种胶水。这也就导致了 MDI 胶板材制造的家具在价格上要比普通胶水板材家具贵出 30%。甲醛含量越低，板材价格越高是不可避免的。

所以，在预算充足的情况下，不含甲醛的 MDI 胶板材是首选。如果预算有限，再选择另外两种胶水的板材时，MUF 胶要好于 UF 胶。

同时可以要求商家出示由国家家具产品质量监督检验中心提供的检验报告，报告上会明确标明板材的甲醛含量。不过这一检测结果可能是送检而不是抽检，所以报告上的数值只能作为参考。

15.11
橱柜板材怎么选？看完不纠结

橱柜板材分为柜门和柜体。橱柜门的材料大体可以分为三种：纯实木板、实木颗粒板和中密度板。

（1）柜门材质

① 纯实木板。实木的颜值绝对是最高的，这点毋庸置疑，但它也很贵。只要选择了实木做柜门，随着空气湿度的变化，就会出现不同程度的开裂或变形，这是它的特性。

② 实木颗粒板。不要以为看到了"实木"两个字，它和纯实木板就是"亲戚"了，它俩其实没什么关系。实木颗粒板和纯实木板相比更不容易变形，是各大家居品牌的"心头好"。其缺点是握钉力较差，怕水

浸泡。

③ 中密度板。中密度板的主要成分是木质纤维和树脂胶等。相对原木来说价格更低，材质均匀。添加石蜡等物质后，能防水防潮，不会受潮变形。

上面说的三种板材中，将实木颗粒板和中密度板经过不同的加工，又可以生产出双饰面板、吸塑板、烤漆板、亚克力板这四种饰面板。

④ 双饰面板。双饰面板就是在柜门两面都贴上了装饰纸，作为装饰。工艺简单，成本较低，贴层的花纹颜色选择种类多，两面比较耐磨，清洁方便，不易变形。但不能做造型，适合喜欢橱柜外面简洁的人。

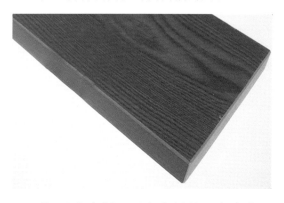

⑤ 亚克力板。亚克力板就是在实木颗粒板的基础上，穿了一层有高级塑料质感的"衣服"。也有人觉得亚克力有一种挥之不去的廉价感。它有一定的镜面效果，环保级别较高，但是硬度较差，粗糙物体在台面上摩擦容易破坏台面亮度，还容易将其刮花。

⑥ 吸塑板。吸塑板抗划、耐磨、耐热、不开裂、不变形，而且日常维护简单，花纹

选择多，表面可以做成各种立体造型。在品牌环保级别相同的情况下，吸塑面板会比双饰面板贵一些。

甲醛容易释放，环保性较低。

⑦ 烤漆板。烤漆板工艺复杂，颜色鲜艳，选择多样，容易清洁，但致命的缺点就是怕磕碰不耐刮，一旦出现损坏，就很难维修。

（2）柜体材质

柜体相比起柜门没有那么多讲究，现在市场上的家具品牌也基本把精力都用在了柜门上。常见的柜体材质有两种：实木颗粒板和实木指接板。

① 实木指接板。实木指接板是实木，因此具备实木的特点。实木指接板表面刷清漆，胶接面的密封性不如实木颗粒板。所以

② 实木颗粒板。实木颗粒板的饰面有封边，整个板材是被密封起来的，甲醛很难被释放出来。如果你不是对实木情有独钟，那还是选择实木颗粒板更好。

第 16 章

油工工程主辅材料选购

16.1
装修到底要不要刷墙固？这几个误区一定要注意

在旧房装修的初期，你可能会发现家里变成下图所示的样子。

墙固、地固是一种水溶性界面处理剂，是 108 胶水和界面剂的替代品。黄墙、绿地是其常见配色，在毛坯房装修或者旧房翻新时，会出现墙体表面疏松，砂粒粉化严重的情况。直接批刮腻子，容易导致腻子与墙面粘连不牢固，出现空鼓甚至脱落的情况。

墙固涂刷于墙面，能充分渗透并浸润砂浆基层，使基层紧致密实，起到连接两个界面的作用，能有效提高墙面和腻子之间的附着力，防止腻子空鼓，降低腻子开裂和脱落的概率。

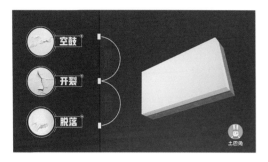

墙固涂刷要注意以下几个误区。

① 进场就刷墙固。刚进场就涂刷墙固会导致施工扬尘对墙面造成二次污染，影响腻子与墙面之间的附着力。一般应该在水电改造工程之后，批刮腻子前涂刷墙固。

② 颜色越深越好。墙固原来是乳白色略带透明状，干透后不易被识别，彩色是为了检查后期腻子是否涂刷均匀，因此一味追求色彩深度没什么意义。

③ 涂料越稠越好。墙固的渗透性好坏、黏接力强弱才是重要的指标。过稠的墙固会增加施工的难度，使涂刷不均匀影响涂料渗透性。

④ 涂刷越厚越好。墙固涂刷过后，会在墙边表面淤积起厚厚的漆膜。有弹性的漆膜受热胀冷缩的影响，会导致表面的腻子开裂。一般通过目测，墙上没有形成明显的墙固漆膜即可。

16.2
墙面底漆——墙面装修不可或缺的一环

（1）什么是墙面底漆

墙面底漆是油漆系统的第一层，用于提高面漆的附着力，增加面漆的丰满度。

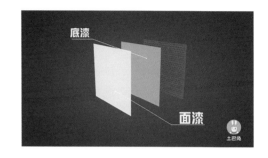

（2）墙面底漆的特性

墙面底漆有着提高墙面附着力和封闭性的能力。底漆中乳液含量高，附着力强，因此可以有效提升乳胶漆与墙面的结合力。

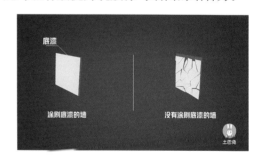

墙面底漆的另外一个重要特性为封闭性。由于墙体的表面本身碱性较大，受潮后容易使气膜表面形成火山口状突起，严重时会产生墙面返碱和墙面发花的现象，影响新房的美观。

（3）墙面底漆与面漆的关系

墙面底漆与面漆通常组合使用。作为面漆前的工序，底漆侧重于提高附着力，防腐抗碱等，而面漆则更加侧重于最终的装饰和表面效果的达成。

16.3
如何选乳胶漆？10 年油漆工用经验告诉你

乳胶漆就是大家装修刷墙的涂料，相对于油漆而言比较环保，有易涂刷、速干、耐脏、易清洗的特点。而油漆味道比较大，目前主要喷涂在家具、门、柜子的表面。

市面上的乳胶漆价格参差不齐，以一桶 5L 的乳胶漆来算，贵的进口漆能达到 600 ～ 1800 元，甚至更贵；一般的国产漆为 200 ～ 500 元；杂牌漆一般为 200 元以下。导致价格相差如此之大的原因主要体现在两个方面：化学性能和物理性能。化学性能决定乳胶漆的环保性，好的乳胶漆苯、甲醛等有害物质含量比较少，所以价格也比较高，而环保性又是大家最看重的一点。

物理性能决定它的实用性。比如油漆是否耐磨，是否耐清洗，是否容易脱落等问题。儿童漆、净味漆等五花八门的这些名字，都是商家根据物理和化学性能提炼出来的卖点。那到底应该如何选择乳胶漆呢？

首先品牌很重要，会有一定的质量保证，所以在经济条件允许的情况下尽量还是选择有品牌的漆，想选对乳胶漆要切记五大要点。

（1）看

这里有一个陷阱——真桶灌假漆。由于乳胶漆的外包装很难模仿，一些商家就将真桶收回，并灌入价格低廉的假漆。这也是为什么油漆工开罐的时候小心翼翼，生怕留下一丝痕迹，所以一定要看包装。看完包装还要看看里面，搅拌一下这个涂料有没有沉淀，有没有结块的现象。放一段时间之后，

正品乳胶漆的表面会形成一层厚厚的、有弹性的氧化膜，且不易裂；而次品只能形成一层很薄的膜，比较易碎。

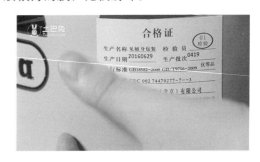

（2）听

将乳胶漆桶提起来晃一晃，正规品牌的乳胶漆是听不到什么声音的；如果容易听出声音，则说明这个乳胶漆的黏度不足，不是好漆。

（3）闻

搅一搅，闻一闻是否有刺鼻的异味，如果味道很重，则说明质量不过关，应该是甲醛或者苯含量超标了。质量好的乳胶漆是没有什么味道的，或者味道非常淡。

（4）摸

好的乳胶漆摸起来是非常细腻、滑溜溜的。次品摸起来就会有颗粒感，像是粗糙的混凝土的感觉。

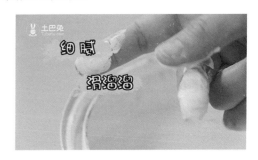

（5）拉

用小棍蘸点乳胶漆拉起来能挂丝的、不会断的就是比较好的漆。

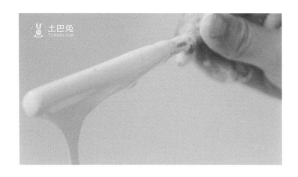

以上五种方法就是大家在没有工具的情况下，去挑选乳胶漆时可以用到的方法。至于乳胶漆的环保性如何，苯、甲醛的含量到底怎么样，除了去看检验结果之外，其实没有更好的办法。

16.4
你知道这些品种多样的壁纸吗

壁纸也称为墙纸，是一种墙面的室内装修材料，广泛用于住宅、办公室、宾馆、酒店的室内装修等。

常见的壁纸材质有云母片壁纸、木纤维壁纸、纯纸壁纸、无纺布壁纸等。

（1）云母片壁纸

这是一种矽酸盐结晶，显得高档有光泽，也具备良好的绝缘性，美观实用。

（2）木纤维壁纸

具备良好的环保性和透气性，使用寿命最长，表面有弹性，隔热保温，还可以随时擦洗。

（3）纯纸壁纸

用纸作为基材，经过印花后压花制成，自然舒适无异味、上色性好，适合染成各种颜色，或是用来制作工笔画。纸制不好的产品时间久了可能会略微泛黄。

（4）无纺布壁纸

以无纺布作为基材，表面采用水性油墨印刷后涂上特殊材料，经过特殊加工而成。具备不变形等优点，而且有强大的呼吸性能。因为质地轻薄，施工起来非常容易，适合年轻人 DIY。

虽说壁纸美观大方有诸多好处，但是也不是十全十美的。比如在造价方面，壁纸的造价就要高于乳胶漆，而且对施工的水平和质量要求都会比较高。如果有一天看腻了，想要更换墙面效果也会比较麻烦。因此装修时是否要选择壁纸，还需要大家结合自己的实际情况来考虑。

16.5
墙漆、墙纸，怎么选

（1）比风格、比质感

从装修效果来说，壁纸的表现力比墙漆更加丰富。壁纸因其多样的花色和风格，以及高档的质感而深受注重质感朋友们的喜爱，比较适合欧式、美式等风格的装修。

墙漆随着近几年的发展，其色彩也越来越丰富。但是墙漆的装饰效果更偏向简约现代的风格，在质感、手感选择性等方面略逊色于壁纸。

（2）比价格

价格是很多朋友考虑的重要因素。比如100m² 的房子，刷墙漆的大概需要面漆 30L、底漆 15L，贴壁纸大概需要 40 卷；同时还需要辅料，大概 5 桶基膜、5 袋糯米粉、5 袋土豆粉。整体算下来，同等级别的装修，贴墙纸的价格差不多是刷墙漆的 2 ～ 5 倍。当然小众特殊产品不在此列。

（3）比环保

环保也是大家非常关心的一个问题。劣质的墙漆和壁纸都可能产生污染。壁纸的污染主要来自油墨和胶水，墙漆的污染来自涂料本身。优质的大品牌壁纸会在印刷过程中控制污染，同时，选择环保的植物胶也能很大程度上降低污染。大品牌的墙漆一般会严格控制产品中的 VOC 含量，甲醛检测结果为 0 也很正常。所以就环保而言，与其纠结选墙纸还是墙漆，不如好好挑个靠谱的品牌。

（4）比后期保养

壁纸的耐擦洗性能比较差。而墙漆一般不需要特别打理，有污渍时可以用潮湿的抹布擦干净，出现磕碰难以清理的污渍时，可以重新涂刷面漆遮盖。而壁纸出现问题一般不好修护，所以墙漆比较便于后期的保养。

（5）比寿命

一般的墙漆都具有防潮、防霉、耐擦洗等功能，因此用个十几年是没有问题的。合格的壁纸通常来说也可以达到十几年的使用寿命。相对于墙漆而言，壁纸在使用过程中容易出现褪色、脱胶、开缝等问题。壁纸基本不会开裂，能在一定程度上遮盖基层墙体的轻微裂纹，墙漆则一般不具备这个功能。

对比了那么多的性能，到底使用墙漆还是壁纸，还是要结合自己家的情况来考量。总体来说还是墙漆的使用更为广泛，可以将壁纸墙漆搭配使用，下面我们来总结一下。

① 墙漆在价格、后期保养上比壁纸更佳而壁纸风格和质感比墙漆更胜一筹。

② 墙漆一般是单色，更适合简约风格的装修而壁纸绝大多数带花纹，更适合欧式、美式等风格的装修。

③ 比较常用的方法就是重点突出墙面（如床头背景墙、电视背景墙等）用壁纸，其他墙顶面刷漆。

第 17 章

成品材料选购

17.1
一门一世界，居家选门必看

对于居家来说，可以把门分为进户门、厨卫门、室内门这三类。

（1）进户门

进户门就是进入房屋的第一道门，是整个房屋通往外面空间的主要门。在选择进户门时，首先要考虑防盗，这是很重要的。所以进户门一般分为不锈钢材彩板门、装甲门和铜门。

① 不锈钢材彩板门。不锈钢材彩板门就是用不锈钢彩色钢板剪压而成。和普通门的外观一样，主要材料是经真空镀色的不锈钢板材。里面的填充物是木板、泡沫或者蜂窝

纸，敲击的时候是实心的感觉，如果是空心的话那就不对了。中间是门花，门花夹在内外两层玻璃之间，能起到防盗作用，就是我们平常所说的防盗门。根据材质不同可分为不锈钢防盗门、铜门防盗门或者钢木门防盗门等。

② 装甲门。装甲门听起来很军队化，但其实它是以钢木为结构，门扇四周都以钢板扣合而成，也有使用焊接的。

门框一般为钢套上装饰面，表面做免漆处理或者油漆处理的门，也叫作钢木门。钢木门在做工方面不需要刷漆，少了油漆的污染，自然没有甲醛，是健康环保的门。钢木门有三个优点：防污、防潮、防蛀。另外它隔声还有耐热的效果也是非常好的，属于经久耐用的产品。最重要的一点钢木门价格实

惠，一般家庭都能接受，这也是钢木门非常畅销的原因之一。值得大家注意的是，由于钢木门不需要刷漆，所以它的门框很容易出现问题，受到撞击后很难恢复原状。钢木门制作工艺简单，市面上对此的规范又比较低，很容易出现一些鱼龙混杂的劣质产品，大家在选购的时候一定要注意。

③ 铜门

铜门是防盗门里的"大咖"，又坚固又气派，一般为铜锌合金或者纯铜打造。铜是一种极其稳定的金属，它有非常强的防腐蚀性。铜门比普通的门更经久耐用，不存在开裂、变形等问题，使用寿命更长。现在铜门都有高科技配锁，所以防盗性能更佳。其实铜门之所以受人喜爱，很大程度上与其精美的装饰有关，这些装饰就是铜艺。如此雍容华贵、质感豪华的铜门必然造价昂贵，所以大多都用在豪宅别墅上。

（2）厨房门

厨房多水有明火，且油污重。木质材料的门建议不用考虑了，不防水，难清理，还容易着火，建议厨房选用铝合金等金属材料的门。首先，铝合金门本身坚固、防水、防潮，且密封性较好，或者使用半透光的玻璃门也是不错的选择。

（3）卫生间门

由于卫生间常常和浴室结合，很容易潮湿，通风也不是很好。所以卫生间门要具备四个特性：防潮性、防变形性、通透性和私密性。出于防水考虑，很多人选择塑钢门，但这里并不推荐使用塑钢门。这种门防水性确实是很好，价格也十分便宜，但是这种门自身的视觉效果档次较低。

如果对于装修风格要求不是很高，或者卫生间空间较小的一些简约风格，建议使用铝合金门。如果是对于整体配套来说要求高一些，还是建议使用实木门，但是门套线要用实木或者塑木的。

在选择木质门的时候，其实可以选择不带玻璃，或者是小玻璃，可以节省一些价格。当然如果是为了搭配整体的风格，带玻璃也是可以的。但是只能透光，不能透视。选用双面磨砂或者是深层雾光玻璃，既保证了私密性，又使外面的人看到了一丝灯光，避免打扰也是不错的选择。

（4）室内门

室内门，顾名思义就是指房间里面的门。其实厨房和卫生间的门也属于室内门，但是这两个空间比较独特，所以上文已经单独说过了。室内门的主要作用有四点：划分空间、加强防盗、通风、美化环境。

常见的室内门有数十种，这里帮大家筛选出较为合适的几种：免漆门、烤漆门、室内钢木门、实木复合门、纯实木门。

① 免漆门。免漆门就是指不需要再刷油漆的木门。市场上的免漆门大多是指PVC贴面木门。PVC的主要成分是聚氯乙烯，也就是塑料的一种。它是将实木复合门最外面做PVC真空吸塑加工而成的门，也有用模压门做PVC处理的，还有一种就是工厂已经做油漆处理的成品木门，也叫作免漆门。免漆门可以色彩多样化，具有现代感。由于不需要刷漆，自然，因此没有有害气体。优质的免漆门还可以耐冲撞、防潮、防腐等。这种门在施工安装的时候也十分方便，但是在选门的时候要注意了，质量不好的免漆门时间长了容易受到湿度、温度和空气等因素的影响，使表面开胶变形。

② 烤漆门。烤漆门的基材一般是密度板。所谓烤漆就是在基材上喷涂油漆之后，在烘房内加温干燥之后形成的门。像女孩子做美甲一样，先涂上指甲油，然后再高温处理，所以烤漆门的色泽是非常亮丽的。但是千万不要被这些光鲜亮丽的门所迷惑。使用后就会发现在油烟的污染下，长时间就会变色，色泽也会消失，所以在厨房更加不适合使用这种门。

但是烤漆门色泽鲜艳，易于造型，具有很强的视觉冲击力。而且非常美观时尚，并且防水能力好，抗污能力强，易于清理。缺点就是做工要求高，废品率高，一旦出现损坏很难修补，价格也十分昂贵。所以适合追

③ 室内钢木门。室内钢木门颜色线条多样化，价格实惠，但是这种门不防水、防潮，所以不适合作为厨卫门来使用。一些潮湿的地区也同样不适合使用这种门。

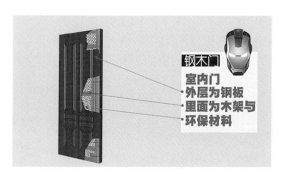

④ 实木复合门。实木复合门由三个部分构成，以普通的材料做基材，用珍贵树种制成的薄木做门的表面装饰材料，用人造中纤板来做造型。这样的构成方式同时结合了这几种材料的优良特性。

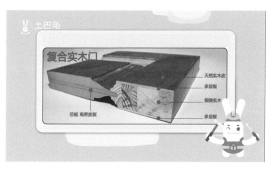

由于它只使用了薄薄的一层珍贵木材，所以大大降低了生产成本，同时又十分环保。还有一种高级的实木复合门，它的基材是白松。由于白松密度小、较轻，所以它的成品门也会较轻。而且由于白松容易控制含水率，所以成品门不容易开裂变形。

实木复合门除了具有良好的视觉效果外，还具有隔声、隔热、经久耐用的优点。当然纯实木门也同样具有这些优点，它的缺点是怕水且容易破损。实木复合门的厂家销售质量高低不一，所以大家在选购的时候一定要了解清楚。

⑤ 纯实木门。纯实木门的基材是纯木材，它不是将各种木材黏合而成的，而是木材经过干燥处理、下料、抛光、开榫等工序加工而成的。

纯实木门所用的基材一般都是名贵的木材，所以价格昂贵。它的木纹纹理清晰，具有很强大的整体感和立体感。因为它是用纯实木加工而成的，所以它的木板会十分厚重。也正因如此，纯实木门具有良好的吸声性，它的隔声作用也是非常强的。

从艺术的角度来说，由于纯实木门内外材质是一致的，所以更能体现其自然恒久的人文艺术魅力。其缺点同样是怕水，不光是造价昂贵，还容易开裂变形，而实木复合门则是不容易开裂变形的。

17.2
你家的防盗门防盗吗？三招教你怎么挑选安全防盗门

（1）第一招：比厚度

钢板的厚度决定了防盗门耐冲击力的强弱，买之前向客服咨询门框、门扇内外钢板的厚度是否与国家标准一致。

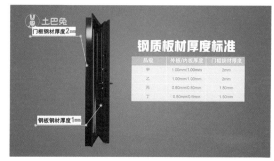

（2）第二招：比填充物

国家并没有对防盗门填充物做出具体规定，如果客人不问，商家也不会说。填充物的作用是支撑。便宜的一般用蜂窝纸板，但如果需要兼顾防火、防盗功能的话，全水发泡聚氨酯材料和岩棉的性能更好，铝蜂窝是最理想的填充物。但这是 5000 元以上的防盗门才有的配置。

（3）第三招：比锁具

国标规定：甲级门锁具的防盗级别至少为 B——高级防护级别，而乙、丙、丁级防盗门的锁具防盗级别至少为 A——普通防护级别。可以向店员索要锁具的检测报告及技术开锁所需时间，如果无法提供，就值得怀疑了。

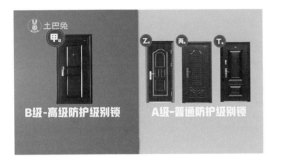

17.3
智能马桶值不值得买？先了解这些优缺点

相较于传统马桶，智能马桶包含了更多功能。例如坐垫自动加热、臀部清洗、除臭、烘干等。有的智能马桶还能通过水流对使用者进行按摩，使用者在操作时只需要借助遥控器或者面板按钮即可控制智能马桶的功能。

具体来说智能马桶主要有以下好处。

（1）卫生

智能马桶使用水流对使用者进行清洁，比起传统的卫生纸要更加温和，清洁程度也更高。智能马桶内部会进行双路水道设计，使用干净的自来水进行冲洗。一部分智能马桶还带有杀菌功能，能够有效降低马桶自身的细菌残留。

（2）保健

水流冲洗和按摩能够显著降低痔疮等肛肠疾病的患病风险，对于深受便秘困扰的使用者也能够起到促进排便的作用。

（3）美观

很多智能马桶都直接省去了马桶水箱的设计，看起来更加小巧、精致，外观设计上也是下足了功夫。这让智能马桶普遍显得比传统马桶更加高端大气。

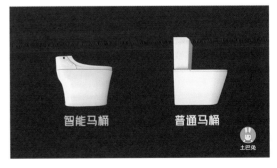

智能马桶价格相对较贵，安装比较复杂，而且一旦出现故障，维修起来费用较高。

第 **4** 篇

装修施工

第18章

进场保护与墙体拆改

18.1
装修施工进场保护怎么做

（1）材料准备

首先要准备好工地保护材料：地面保护膜、窗贴、墙面保护膜、长钉子、铁锤、工程门槛保护、马桶、水桶、塑胶粉、滚筒、入户门套、瓷砖护角、警示贴、接线暗盒防尘保护、提示贴、6cm宽斑马胶带5～6卷、剪刀、美工刀、下水保护盖、水电标识贴。

（2）地面保护膜安装

安装前先把地面打扫干净，用美工刀切好地面保护膜，把地面保护膜抚平放好。用指示胶带粘贴，再用斑马胶带粘贴边缘处，保护膜字迹对称平行，字迹统一方向。电梯口处单独裁剪一块相应尺寸的保护膜，字迹统一方向贴好。后期工地地砖贴好，再做室内的地面保护。

（3）墙面保护膜安装

首先以1.8m为标准，切好墙面保护膜。然后用滚筒在墙上涂好108胶，把已经切好的1.8m高度的墙面保护膜平行于墙面抚平，字迹对称平行，字迹统一方向。先用指示胶带垂直粘贴，然后用斑马胶粘贴边缘处后抚平。做墙面保护遇到消防栓、火灾报警器、电梯按钮都要做好避让，并用斑马胶垂直平行贴好。

（4）入户门套

把门套保护抚平对齐入户门，用斑马胶带抚平垂直贴好，门把手和钥匙孔处做好避让。

（5）瓷砖护角

安装在每处墙角，用指示胶带平行贴好。

（6）工地提示贴

按照规范标准高度贴好位置，防止脱落。

（7）接线暗盒防尘保护

平整固定在暗盒口上。

（8）水电标识贴

在相应的水电管线处粘贴水电标识贴避让。

（9）下水保护盖

用对应下水管道尺寸的保护盖加以固定。

（10）工程门槛保护

将门槛保护安装在门槛处。

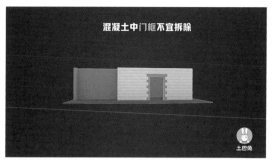

18.2
房屋拆改要注意，这 6 个地方不能随意改动

无论是新房还是二手房，人们在收房后如果不满意原有的房屋结构，往往都会在装修的时候进行一定的结构拆改，主要包括拆墙、漆墙、铲墙皮、换塑钢窗等。这些是改变房屋布局和规划的重要步骤。

房屋拆改需要注意以下事项。

① 砖混结构的老房子和剪力结构的新住宅，承重墙都不能拆改。承重墙是整个楼板的支点，如果随意拆除、打孔、开窗，整栋楼房的安全系数就会大大降低。

③ 阳台窗及窗台以下的墙不能动。这段墙起到配重或抗震的作用，拆改会导致阳台承重力下降。

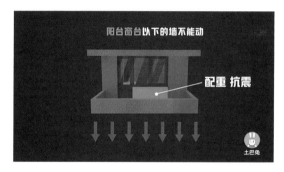

④ 房间中的梁柱不能改。梁柱是用来支撑上层楼板的，拆除和改造会造成上层楼板下沉，相当危险。

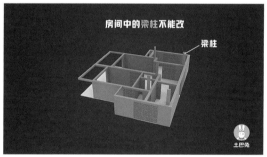

⑤ 开槽走线时应避开钢筋，否则会影响墙体和楼板的承受力。

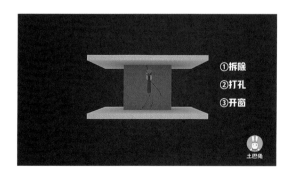

② 镶嵌在混凝土中的门框不宜拆除。这种门框与混凝土结构合为一体，如果随意拆改就会破坏结构的安全性。

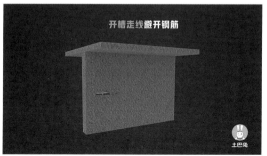

⑥ 卫生间和厨房的防水层不能动，一旦破坏了楼下就可能变成"水帘洞"。

18.3
怎样拆改安全又省钱

很多房子在装修时都要进行拆改，有的是老房翻新需要拆改，有的则是对新房的户型不太满意，所以要把原有的墙体打掉重新布局。但是拆除也不是随便想拆什么就能拆的。

（1）承重墙体结构别乱拆

承重墙、梁柱这些地方是不能随便拆的，因为它们是承载整个楼体重量的结构。如果把它们拆了或者在上面开个窗、开个门，罚钱是小事，危险的是还可能把楼给拆塌了。比如搭积木，一旦把下面的一块抽走，上面就会倒塌。

还有一个地方大部分人都没意识到，就是阳台边的矮墙。矮墙上面那些门窗是可以拆的，但是窗以下的墙体部分还有旁边的墙就不能随便拆了。因为他们是整个阳台结构受力的组成部分。如果把它拆了，阳台可能就不保了。

（2）必须拆除的部分

上面说的那些是不能拆的，而下面说的这些是一定要拆的。如果业主要装修的是旧房，特别是房龄比较久的老房，墙面已经出现大面积的起泡，而且会往下掉的，这一定要拆除这种墙面。

还有些墙体渗水、漏水的，那就要把这些墙面，包括顶面全部铲掉，而且要铲到能见红砖，然后重新用水泥砂浆来粉刷。

如果图省事不铲除，只是在原有的腻子墙上再批腻子粉刷一遍。刷完看着干净，但是治标不治本，后期还是很容易起皮脱落。还有地板、地砖如果出现局部的损坏，比如空鼓、脱落甚至严重磨损开裂的建议全部剔除，包括底下的旧水泥层要剔到见底。这样再去铺的时候才能保证质量和美观性。

尤其是厨房和卫生间，这些地方的墙面和地面防水很重要，如果要拆的话就要把这些墙地砖全部拆掉重新粉刷，重新做防水。有一些稍微新一点保养得比较好的二手房，检查之后没什么大问题的话，只有一部分墙皮脱落或者脏了，那进行局部修补就可以了。这样既能保证后期的正常使用也能在一定程度上减少预算成本。

（3）拆改不要留隐患

在拆除的时候如果有些细节没注意到，可能会给后期留下隐患。比如说拆窗台的时候除了窗框要拆，窗框四周的内角水泥层也要打掉。

然后让瓦工师傅重新填缝做防水，否则新的填缝剂和旧的水泥墙结合不了，日后就很容易渗水。还有一个细节就是除虫害工程。在拆改的时候，如果原有房屋的踢脚线、木地板、木柜这些地方，发现有比较细碎的木屑或者小虫，尤其是白蚁，那就要及时做好除虫工作，而且要在木工工程以前，从源头上解决问题。住进去以后再除虫，是十分不便的。

（4）乱拆容易花冤枉钱

各位业主在拆除动工以前，一定要先规划好格局。确定哪些要拆，哪些不用拆。否则来回返工既费钱又费时间。拆的时候也要多问问专业人士，这个地方拆与不拆有什么影响？有没有必要？冤枉钱能不花就不花。

拆改工程在整个装修里面虽然相对简单但也会包含很多琐事，该花的钱也不能省。像除虫费、垃圾清运费还有成品保护用的防护板、保护膜等。有些问题提前解决了，日后就会很省心。

第 19 章

砌筑隔墙与墙面清护

19.1
3 分钟看懂水泥砌墙全流程

（1）预制地梁和门头过梁

① 用墨盒弹出地梁的框架。

用墨盒弹出地梁的框架

② 用碎石增强混凝土的硬度。

用碎石增强混凝土的硬度

③ 注水防止制作地梁的混凝土水分被吸收。

注水 防止制作地梁的混凝土水份被吸收

④ 地梁制作完毕。

地梁制作完毕

⑤ 之后开始做门头过梁。

开始做门头过梁

（2）砌墙植拉筋

① 打孔植入钢筋。

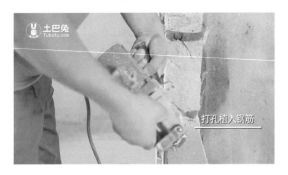

② 加固墙体。

（3）最上一排小砖斜砌

（4）挂钢网（接头网）批荡

① 固定钢网。

② 待墙面干燥之后继续批荡。

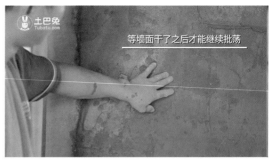

③ 检查平整度。

19.2
这才是砌墙最规范的操作

装修房子难免要打墙砌墙，这样才能满足合理构建房间布局的需要。砌墙方法和注意事项，主要有以下几点。

（1）放样

先将地面清理干净，找出要砌墙的位置。然后用激光水平仪确认线条是否竖直，砌出的墙才不会歪斜，最后弹出墨线做标记。

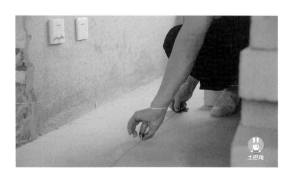

（2）浇水

砌墙前一天，砖块应该用清水浇制以增加砖块与水泥砂浆的附着力。砌墙时水与砂浆的比例应为 1:3。若水泥砂浆比例不当，墙体结构不稳固，后期则易出现龟裂、倒塌等问题。如果是厨房和卫生间，砌墙之前，还需要浇地梁，做防水。

（3）吊线

在墙体的头尾两侧，利用铅垂或者激光水平仪，以钢钉固定垂直向尼龙线，作为水平向尼龙线移动的基准。水平向尼龙线必须以活节固定，以方便移动。

（4）砌砖

一切准备就绪后，要根据现场条件和状况，在新砌的砖墙砖块与旧墙壁之间的适当位置植入钢筋固定（称为壁拴）。还需要注意的是，砌墙时，砖块与砖块之间的缝隙大约为 1cm，并且以水泥砂浆填充砌砖墙时，砖块应以交丁方式堆叠，顶部应留约 20cm 的高度进行斜顶砖的砌筑，以防止新墙体因为砂浆收缩沉降后，墙壁和顶板交接的地方出现缝隙。

（5）完成验收

查看砖块是否排列整齐，砖缝要错开排列。

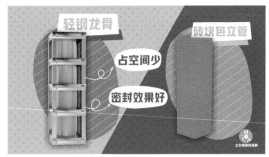

（3）包立管注意事项

一定要有一个检修口，万一以后出现问题方便检修。

19.3
秒懂包立管工艺，这样包立管既省钱又隔声

包立管是指在家庭装修时，把下水管道和给水管道的立管用装饰材料包装起来，避免晚上睡觉时被水流声打扰。那么怎么包立管既省钱又隔声呢？下面主要介绍两种方式。

（1）隔声棉加砖块包立管

使用砖块来包立管是传统的包立管做法，同时用这种方法来包立管相对来说比较便宜，但是缺点是会占用一定的卫生间空间，对于户型大的家庭来说是可以采用的。

（2）隔声棉加轻钢龙骨包立管

木龙骨容易受潮，所以采用轻钢龙骨包立管是比较好的做法，但是，花费会稍微高一点，相比砖块包立管的话，占用空间少，密封效果好。为了更好地保证隔声效果，建议还可以在排水管周围包一层隔声棉，效果会更好。

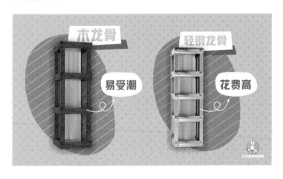

19.4
什么是隔断墙？装修砌隔断墙要注意这些

什么是隔断墙？隔断墙并不负责承重，隔断墙主要起到分隔空间的作用。对于隔断墙，一般要求轻、薄、具备较好的隔声性能。

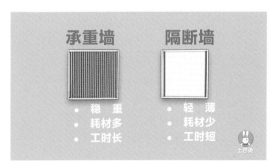

对于一些功能性房间来说，隔断墙会有更多要求。例如，厨房的隔断墙应当具备一

定的防火功能。

曾几何时，想要在家里做隔断，都是靠师傅一块一块地垒砖砌墙。如今，主流的隔断墙做法，被称为轻体墙。一般是使用轻钢龙骨作为支架，在两侧贴上石膏板或水泥压力板。内部视情况填充隔声棉等阻燃材料，既保证墙面的平整度，又提高了墙体的整体性。

轻体墙的优势在于其施工速度快，人工成本低，还减少了施工现场的施工作业，做出来的墙体整体性高，不容易出现墙体开裂、空鼓等现象。

不过，轻体墙本身的承重性能较差。所以，在日常生活中，要尽量避免在轻体墙上悬挂重物与壁画匾额等。如果一定要装的话，最好使用专用吊件，将橱柜固定在楼板上。

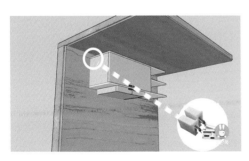

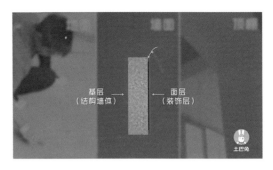

导致空鼓形成的原因很多。墙体基层不干净，处理不标准，或者瓷砖铺贴前没有浸水或浸泡时长不足，或是铺贴瓷砖时砂浆不饱满，都可能导致空鼓的产生。空鼓存在可能会导致墙面出现开裂、脱落的现象，如果是地面空鼓，则有可能导致地面或地砖塌陷。

这些情况轻则影响美观，重则可能影响居住安全。检查空鼓一般会用到空鼓锤，对墙面逐步轻轻敲击，通过声音的变化判断是否存在空鼓。

19.5
工长来支招，空鼓这样处理最安全

空鼓一般是指房屋的地面、墙面、顶棚的面层与基层之间存在空心、接触不充分的现象。

常见的修复空鼓的方法是将出现问题的部分铲除，重新粉刷或者铺贴。如果是一些石材或者瓷砖的空鼓，也可以采用灌注修复的方法来解决。总之房屋验收时，对空鼓的检查一定要细致。如果入住之后才发现问题，修复起来可就麻烦了。

第 20 章

水电施工

20.1
什么是强电？强电布线千万要注意这几点

　　强电能够为设备提供工作电源，比如我们家用的空调、照明、插座、电脑、电视等用的电都属于强电。强电的特点是功率大、电流大、频率低。而与之相对的弱电则用于传输信号，比如我们的网络和电话信号传输。

　　强电是不能一根线直接进户给电器供电的，必须通过强电配电箱，分配到各条分支路。由分路断路器控制，才能正常使用。一般至少使用五路分线的形式：空调专用线一路、厨房用电一路、卫浴用电一路、普通照明用电一路、普通插座用电一路。这样做的好处就是用电负载可控，不容易因过载而引发事故。

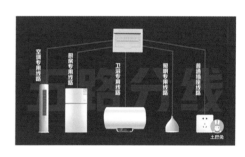

　　在装修的水电施工中要特别注意强弱电分开走线，禁止共管共盒，并且强弱电之间线路的平行距离不得小于 30cm，以避免强弱电互相干扰。

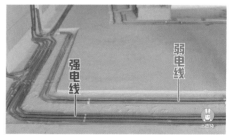

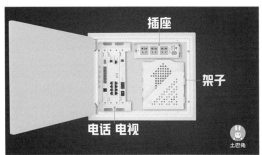

线和出线方便，且比较隐蔽，容易装饰。

20.2
什么是弱电？弱电这么布线美观又安全

弱电的主要用途就是传输信息，提供载有语音、图像、数据等信息的信息源。我们平时打电话、看电视、上网等使用的都是弱电。

家庭装修常用的弱电材料有电话线、有线电视信号线、网线、音频线等。

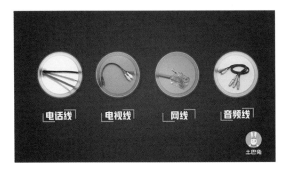

家里一般会安装弱电箱，将这些弱电线路集合在一起。弱电箱安装的位置通常选择在玄关或者壁柜内，这样的话，室内各种进

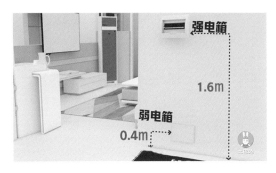

施工时，强电箱一般离地 1.6m，弱电箱离地 0.4m。在布线时，强电和弱电应间距 30cm 以上，交叉处弱电线管应用铝箔纸包裹，以免互相干扰。

20.3
秒懂开槽工艺，这里面有大学问

水电开槽就是利用开槽机，在墙面或者地面挖沟槽。沟槽的深度和大小，要根据水电线管的大小来决定。一方面防止裸线管不安全，另一方面管线隐藏后更加美观。

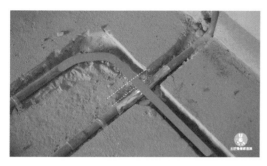

开槽的注意事项如下。

第一，尽量不要在承重墙上开槽。承重墙是房屋的主体结构，是房屋重要的受力部分，在承重墙上开槽可能会破坏房屋的受力结构。

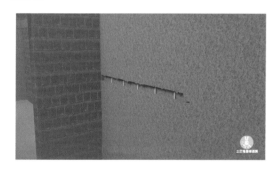

第二，墙面不要大面积横向开槽。墙体里面砖的结构是横向的，横向开槽等于是变相拆墙，横向开槽会降低墙面的稳定性。如果确实有需要，长度不能超过30cm。

第三，地面开槽不能露出楼板钢筋。如果我们开槽的时候，地面的钢筋都已经露出来了，就证明我们开槽的深度已经太深了，再往下深入有可能会导致楼板结构发生变化。

至于开槽需要横平竖直是水管铺设的规范要求，电管铺设事实上是不做这个要求的，横平竖直自然美观，但也存在不方便换线的问题。

20.4
秒懂闭水试验，厨房卫生间装修时要处理的工艺你知道吗

闭水试验也叫蓄水试验，是检验装修防水是否合格的重要方式。一般厨房、卫生间、阳台等潮湿区域装修时都要做闭水试验。闭水试验无需专业工具，只要堵住排水口，并对试验区进行蓄水即可，但需要注意以下几点。

在试验区域门口用水泥做好挡水坎，防止蓄水时水流出。防水不要直接对冲防水

层，以免水压太强造成破坏。蓄水深度一般为 30～40mm，最浅处不得小于 20mm。

蓄水时间不能少于 24 小时，最好为 48 小时。48 小时后，到楼下对应卫生间的区域，观察顶部是否有渗水现象，如果没有则合格；如果发现漏水情况，应立即停止试水试验，重新进行防水层完善处理，处理完后再进行闭水试验。如果闭水试验没做好，入住后才发现渗水漏水等问题，那么维修起来将非常麻烦。业主要对这个环节非常重视，最好现场监工。

20.5
地暖，冬季采暖新宠儿

安装地暖有哪些好处？一是更舒适。地暖是目前公认的最舒适的采暖方式，地面温度均匀，室温自下而上递减，符合人体需求，舒适度高。二是更健康。地暖不会造成室内空气干燥或污染，更利于人体健康。非常适合有老人和孩子的家庭，有了地暖再也不用担心喜欢在地上爬行的小婴儿受凉了。三是更节能。与一般中央空调相比，地暖在冬季最多可节能 40%。

（1）地暖按照热媒不同分为水暖和电暖

① 水暖。水暖通过热源燃气壁挂炉，对水加热后，流向各个房间的地暖盘管，均匀加热地面。水地暖热水可以和生活热水共用，但水暖管必须连续，因此更适合大面积连续区域使用。

② 电暖。电暖则通过发热电缆等加热地

面，以辐射传热方式向室内供热。电暖发热快，使用灵活，维护简单，非常适合分户采暖和单独房间安装。

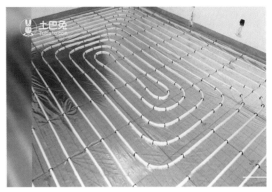

③ 现在还有一种比较新兴的地暖供暖材料：电热瓷砖，俗称地暖瓷砖或暖芯瓷砖。它直接将发热芯缆嵌入瓷砖内部实现加热，具有发热快、铺装简捷、控制和维修方便等特点。

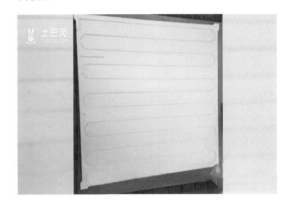

（2）地暖安装一般要与房屋装修同步合理进行

安装地暖需要注意下面几个方面。

① 层高。地暖系统管路全部隐蔽安装在地面下，因此传统地暖对层高有一定的要求。水地暖一般占用层高 7cm 左右，电地暖占用 5cm 左右。不过如果结合地面装修来考虑，对层高的影响实际上并不大。而地热瓷砖的发热"芯"缆，直接嵌入瓷砖底部，并在芯缆底部设置保温层。模块化、一体化的结构设计，使得电热瓷砖只比普通瓷砖厚一点点，因此不会占用过多层高。

② 施工。传统地暖施工工期一般为

2～3天，地暖安装可以在水电改造全部结束后进行，也可以与水电结合进行。但一定要注意埋管不被后续装修施工破坏，管材要选择耐压、耐温、耐腐、蚀热稳定性能好的，管材的优劣直接影响整个工程的质量。如果选用电热瓷砖的话，则铺设相对简单，与普通的地板、瓷砖铺法相同，但需要设计好铺设布线方案。

③ 地板。如果安装传统地暖，那么家里的地板材料选择也要注意。最好选用地砖或实木复合类地热地板。普通地板温度过高容易开裂、变形，甚至整块翘起，同时要注意不同地板导热系数不同，在安装地暖前要告知施工方地面材料，方便在计算热负荷时予以考虑。不过如果直接选用电热瓷砖一体化解决了供热系统和地面材料，就不需要担心地板耐热问题了。特别提醒：地暖系统铺设以后，地板上不能钉钉、打钻、打眼，不要放置高温热源。电热瓷砖要避免不散热物体长时间覆盖。

20.6
地暖选水暖好还是电暖好

水地暖是以温度不超过60℃的热水为热媒，在地下面的加热管内循环流动实现供暖。

电地暖是利用发热电缆，将电能转换为热能来供暖。

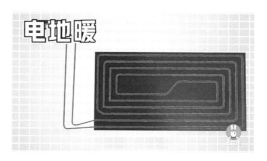

水地暖的燃气壁挂炉可以在供暖的同时提供生活热水，可以节省购买热水器的费用。其次，水地暖的供暖面积大。供暖时间也较长，缺点是水地暖会占用室内的层高5～8cm，而且预热启动时间一般需要3个小时以上。

电地暖30分钟就可以达到温度。而且由于电地暖的材料成本和铺设面积成正比，所以对于小于60m^{2}的小户型来说，电地暖更省安装成本。但是它的运行费用较高，按100W/m^{2}的功率每天用8小时算，一个月要用2400度电，约合1500元。而对一个采暖面积为100m^{2}的家庭来说，水地暖每月只需要800～1000元就够了。

如果集中使用供暖，水地暖有成本优势。比较适用于北方集中供暖的城市，而电地暖适用于南方的分户式采暖。如果追求快速制热的采暖方式，业主应该选择电地暖，相较于水地暖来说在冬天更不会受冻。但是，电地暖一个采暖季度产生的费用更高。

第**5**篇 竣工验收

第 21 章

水电验收

21.1
水路验收怎么做

水路验收分为给水验收和排水验收，给水验收分为以下 6 个步骤。

（1）检查冷热水管

安装是否为左热右冷，一般热水管有一条红色的线，蓝色管为冷水管，冷水管不能通热水。如果经济允许，全部采用热水管更结实耐用。

（2）检查冷热水管间距

冷热水管之间平行间距应不小于 10cm，否则将影响冷热水管使用寿命，淋浴冷热水管口要对齐，中心间距 15cm 左右，同样左热右冷。

（3）检查水管离地高度

淋浴水管离地高度为 90 ～ 100cm，洗手盆离地高度为 45 ～ 60cm，供水位与热水器的间距应 ≤ 50cm。否则将影响安装和使用时的便利性，可以根据家人身高微调。

（4）检查水龙头附近插座的位置

为防止溅水短路、触电，空间允许的

话，水龙头与插座的间距应 ≥ 50cm，最好错位分布。插座不要安在水龙头下，潮湿区域使用带防水罩的插座更安全。

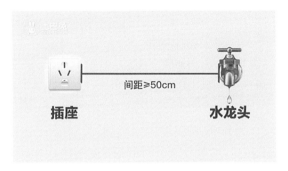

（5）检查水管是否用管卡固定

外径小于 25mm 的水管，两个管卡的间距应 ≤ 60cm，弯头三通 15cm 内有固定点。检查水管与电管交汇处是否是电管在上，水管在下，否则一旦出现水管漏水将存在漏电隐患。

（6）做打压试验

用来判断水管管路连接是否可靠，是否会发生渗漏，用专业的打压器打到 0.6 ～ 0.8MPa，静置 30 分钟后落不超过 0.05MPa，则可以判断为无渗漏。排水验收涉及日常生活中的排水排污问题。首先，检查一下排水管有没有做临时封口处理，否则施工中的杂物容易进入堵塞管道。第二，检查排水管连接是否牢固，往排水管里灌些水看看有没有渗漏，排水是否顺畅，否则以后容易发生漏水堵塞。第三，看排水管管路坡度，为保证排水效果，排水管坡度应不小于 1%。同时排水管要设置存水弯，否则会出现异味。最后，检查马桶排水管中心距离到贴好墙砖后

的墙面间距，是否为 30 ～ 40cm，买马桶前确认好坑距，否则马桶买来没法安装。到这水电验收就算正式完成，如果在验收过程中发现不达标的地方，可以要求施工方整改，不可掉以轻心。

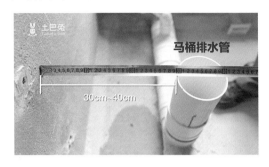

21.2
水电改造这么做，谁都坑不了你

水电施工的质量好坏对后续的工程产生重要的影响。而且水电改造属于隐蔽工程，一旦完工就会进行泥封。如果之后再发现问题，整改起来非常麻烦，所以一定要在施工阶段就把好关。在水电施工之前，大家要先了解清楚装修公司关于水电施工的一些流程规范。

（1）水电施工标准流程

① 施工人员对照设计图纸与业主确定定位点。

② 定位后对施工现场进行成品保护。

③ 根据线路走向弹线，并根据弹线走向开槽，清理渣土。

④ 开好槽后，电路要开好线盒，并对电管、线盒进行固定，水路则需要在墙顶面进行水管固定。

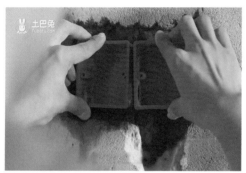

⑤ 固定好电管和水管后，对电路进行穿钢丝拉线。同时注意连接各种强弱电线的线头，不可裸露在外，要检查水路各回路是否有误。

⑥ 电路要对强弱电进行验收测试，水路要进行打压验收测试，最后封闭管槽。

（2）水电施工注意事项

了解标准水电施工流程后，我们还需要对施工注意事项进行了解，以便做好监督工作。

电路施工注意事项如下。

① 强弱电分开布线，强弱电交接处应该做好隔离；空调及大功率电器应该单独走线。

② 禁止在墙体开长横槽走电管，以免破坏墙面承重。

③ 所有明露线头必须用绝缘胶布包好，以免触电，卫生间插座要防水。

水路施工注意事项如下。

① 遵循"水走天"原则，遇到出水的地方要开竖槽往下，易于后期维护。

② PP-R 水管要用热熔连接，这样接口强度才大，安全性更高。

③ 在施工前，要对下水口、地漏做好封闭保护，防止施工过程中水泥、砂石等杂物进入下水道引起堵塞。洗衣机的地漏最好不用深水封地漏，下水慢可能引起倒溢。

（3）材料选购

水电改造期间，材料选购也是难点。配电箱、电线、导线管、水管、防水涂料、开关、插座……这些材料占用了不少装修资金，因此在选购时要非常注意。

① 在选购水管时，要一问、二看、三注意。

问：劣质管材多掺入再生有毒塑料，闻的时候常伴随有刺鼻的异味。

看：看水管的颜色、厚度、光泽度，卫生许可证及管外壁商标，没有卫生许可证的不能用作饮用水管道。

注意：注意到正规的有管道权经销书的代理店购买，注意管材、管件是否为同一厂家生产。

② 在选购电线时，要做到三看：看标识，产品合格证应标明制造商名称、产品型号、稳定电压等信息，并且电线表面标示与产品合格证一致；看外观，电线外观应光滑平整，无损坏，颜色鲜亮，标志印字清晰，质地细密，手摸时无油腻感；看实际长度与粗细，电线长度的误差不能超过 5%，截面线径误差不能超过 0.02%。

③ 选购开关插座时，应注意其外观、手感和品牌。

a. 开关的款式、颜色最好与室内整体风格吻合，注意搭配美观。

b. 手感。品质好的开关插座表面光滑，面板无气泡，无划痕，无污迹。

c. 品牌。好品牌的插座开关寿命更长，通常还有较长的保修期，长期来看更划算。

21.3

电路验收怎么做？ 20 步教你

① 检查门口配电箱，箱底离地高度应不小于 160cm 以保证安全。

② 检查箱内接线是否左零右火，是否整齐。

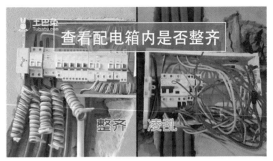

③ 配电箱内电线一定要用整根电线不能有接头，接头容易温度过高引发严重事故。

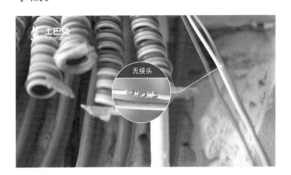

④ 查看火、零、地三线颜色有没有区分，颜色混乱一旦接错很危险。一般颜色鲜艳的（如红色、黄色、绿色）是火线，双色为地线，零线则为黑色、蓝色都有可能，但同一类电线颜色应该一样。

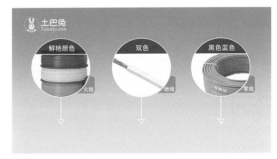

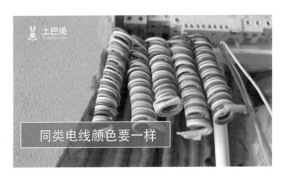

⑤ 检查电线线径。照明线、普通插座线用 2.5 平方电线。厨房插座线、空调插座线等大功率电气用线采用 4 平方电线。同一个回路的火、零、地线粗细应该一致，否则负荷过高时容易烧坏或影响接地效果，留下安全隐患。

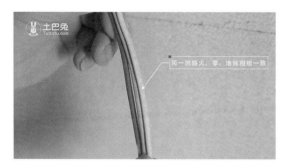

⑥ 水电开槽应该横平竖直，但不能影响结构安全，严禁切断结构钢筋。

水电开槽应该横平竖直

严禁切断结构钢筋

⑦ 尽量不要在墙上开横槽，如果一定要开横槽，长度不超过 50cm，否则会影响墙面的承重结构。

⑧ 不能将裸露的电线直接埋入墙里，必须穿在线管里，无法套管的要用黄蜡管保护。

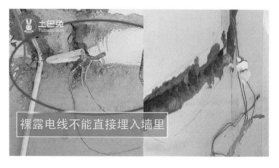

裸露电线不能直接埋入墙里

⑨ 同一线槽内线管间距应在 1cm 以上，线管要用专用管卡固定，直向线管每

60～80cm 要用一个管卡，转角处两侧每
15～20cm 要用一个管卡固定，管与管之间
要采用套管连接。

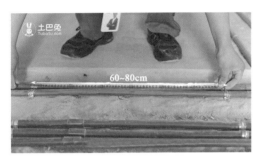

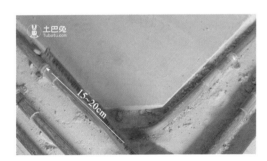

⑩ 强弱电线路应该用不同颜色区分开，
一般强电线管为红色，弱电线管为蓝色。

⑪ 强弱电线管间平行距离应不小于
30cm。强弱电交汇时，弱电线要用铝箔包
裹，否则强弱电信号互相干扰，包裹长度离
交汇点至少 10cm。

⑫ 强弱电线路不能挤在同一线管和底
盒内。

⑬ 线管与底盒之间应使用专用杯梳连
接牢固，以免施工或检修拉线时损坏电线
外皮。

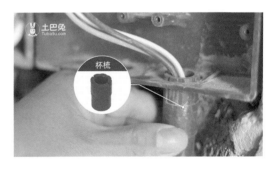

⑭ 同一线管内导线的总横截面积不得超
过管内横截面积的 40%，否则不利于电线散
热，有安全隐患，同时影响电线使用寿命，
也不便于安装与维修。

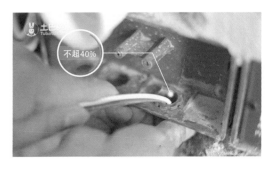

⑮ 线管内不得有接头、扭结。接头应该在检修底盒内，以便于检修。

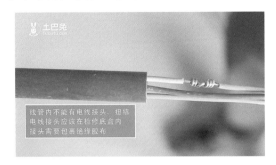

⑯ 施工现场所有裸露接线头应用绝缘胶布包裹。

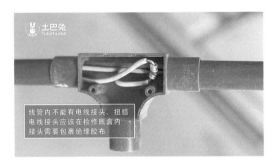

⑰ 检查开关底盒。为操作方便，家中所有底盒下边缘离地高度应为 130 ～ 150cm，并排底盒要方正平齐，高低误差在 5mm 之内。

⑱ 卫生间、阳台、厨房等潮湿区域禁止布置电路，否则会容易漏电。

⑲ 同一平面内的电线与热源间距应该不小于 50cm，电线与燃气管的平行间距要不小于 30cm，交叉间距要不小于 10cm，否则有火灾隐患。

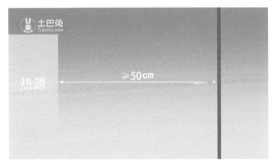

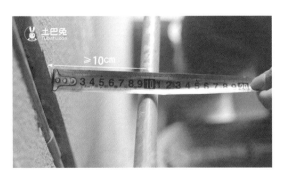

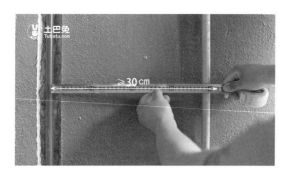

⑳ 线路分支时必须用分线盒处理，分线

盒到电器的线路注意套绝缘软管。

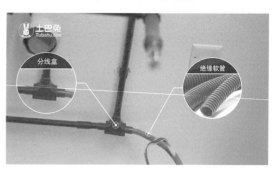

第 22 章

防水施工与验收

22.1
这样做防水才能"滴水不漏"

大家都知道如果防水没做好，再好的装修也是白费，容易导致墙体脱皮、发霉、鼓包，家具、地板腐烂潮湿等问题，所以防水这个施工工艺看不见摸不着，但是它在装修中是不可或缺的环节。

首先我们要知道哪些地方需要做防水？除了大家都知道的卫生间防水之外，有一些比较容易渗水的地方，比如厨房、阳台、飘窗等位置也是有必要做防水处理的。

22.1.1　卫生间的防水

一般是刷 2 ～ 3 遍。横竖方向都至少要刷一遍。防水层并不是刷越多越好，刷多了容易脱落。卫生间墙面防水建议做到顶，最低也要做到 1.8m。另外卫生间干区也是要做防水的，干湿分离之间没有明显的隔断，很容易发生渗漏，而且本来干区也是比较容易湿的。卫生间门外也建议做一点防水，10cm左右，避免因为卫生间的门位置较低而产生渗透。

22.1.2　厨房防水

一般厨房的防水高度是 30cm，洗手盆区域要做重点处理，最好做 1.2m 左右的防水。

22.1.3　阳台防水

如果是开放式的阳台就必须要做到墙面高度 30cm 左右，如果是封闭式阳台就可以不做。但如果是摆放洗衣机的话，有上下水也建议做一下。

这里有一些细节大家一定要注意：厨房一定要留排水地漏，以防水管爆裂及三角阀损坏而造成水灾，避免造成损失。

如果你家住一楼而且没有地下室，那么建议全屋做地面防水，地面用防水涂料加上防潮膜，墙面防水不低于300mm。如果卫生间是改造出来需要自建墙体的话，建议防水做到顶部。卫生间回填最好用填陶粒、煤灰渣，不要用建筑垃圾和土。陶粒质量轻而且吸水性能好，防水一般2天就可以完成。基层处理1～2小时。第一次涂刷之后隔4～8小时做第二次涂刷，完全干燥的时间为12小时。一般第二天做闭水测试即可，蓄水时间为24小时，试验之后定期去楼下看有无渗水。试验结束后，水面无明显下降即为合格。防水只占家庭装修工程量的2%左右。但切勿图小便宜省钱，做好防水工程确保你的家居装修"滴水不漏"。

22.2
装修防水施工标准流程，看完再也不被坑

卫生间做好防水很重要，因此要注意做好卫生间的防水工艺，卫生间地面一般有平层式和下沉式两种。平层式在老房子中比较多见，新房采用下沉式居多。下沉式可以为卫生间的排水管道提供布置空间，使卫生间的布局更合理、美观。但做下沉式卫生间地面防水前要做好二次排水，否则一旦沉箱积

水不能排除，发臭渗漏，就得撬开地板才能解决。

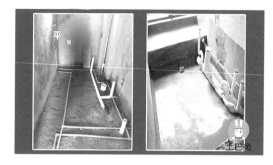

（1）卫生间二次排水施工

① 应在沉箱内安装好二次排水口，并选在沉箱最低的位置。

② 以二次排水口位置为最低点的坐标原点，对沉箱底部进行基层找平处理，并做好相应的引流排水坡度。

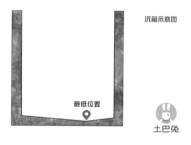

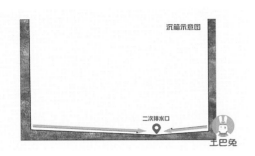

③ 沉箱内的管件根部及阴角处基层加强预处理，即阴角处做内圆弧形，管件根部做外圆弧形。

④ 注意沉箱找平层界面应牢固无损，并做好润水养护处理。

（2）二次排水后再做防水处理

① 基层处理。对需要做防水的区域进行修补和清扫，确保基层表面平整，无松动、空鼓、起砂、开裂等问题，表面无灰尘和杂物。含水率符合施工要求，同时在卫生间门口做挡水坎。

② 制备防水浆料。根据防水材料使用进行调配，并确保搅拌均匀，混合比例正确。

③ 细部深刷。等找平或修补位置干固后，对排水管根部阴阳角等部位进行加固涂刷处理。

④ 墙地面大面积涂刷。大面积涂刷应注意以下细节。

a. 防水应该在第一遍防水层成膜后再涂刷第二遍，涂刷方向应与第一遍相互垂直。

b. 一般墙地面防水涂层干膜后，膜的厚度应为 $1.5 \sim 1.7$mm。

c. 防水层应从地面延伸到墙面，一般淋浴区域墙面防水的高度应不低于 1800mm，其他区域地面防水层也应该在墙根部向墙面上涂刷 300mm。

d. 防水涂膜表面应平整无凹凸，不能有起泡、露底，与关键阴阳角接缝严密，收头圆滑不渗漏。

e. 封闭现场养护。防水施工完成后，封闭现场进行自然养护，一般 12 小时后进行

闭水测试。

f. 闭水试验。对施工完成的卫生间沉箱进行蓄水测试，蓄水最浅处不得小于 20mm。蓄水时间 48 小时，48 小时后要到楼下对应卫生间的区域观察顶部是否有渗水现象，如果没有就可以进入下一道工序了。

22.3
担心卫生间漏水渗水？老师傅说做个二次排水，30 年都不漏

洗手间的水是通过地漏排出的，这个地漏是一次排水。但是有一部分水会从地砖直接渗入沉箱，时间长了，沉箱内的积水会越来越多。虽然沉箱和地面做了防水，但长时间在水中浸泡，也会影响墙面质量，造成墙面受潮，腻子脱落，甚至会渗漏到楼下邻居家里。怎样才能将沉箱里的积水排出呢？这就需要做二次排水。

二次排水其实是在沉箱的底部再做一个排水口，当沉箱底部有积水时，可以通过这个排水口排出，就可以避免渗水的情况发生了。

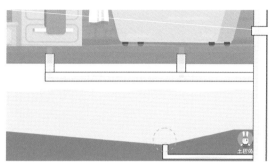

做二次排水时需要注意：首先，只有下沉式卫生间才可以做二次排水；其次，施工时要以二次排水口为最低点，对沉箱底部做好引流坡度，让水能够流到二次排水口，顺利排出。另外，装修前要提前跟装修公司确认是否包含这项工艺，以免后期增项收费。

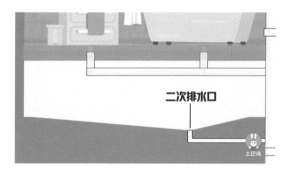

第 23 章

泥瓦工施工与验收

23.1
网红水泥自流平真的好吗

自流平到底是什么？顾名思义，就是可以自己找平，其实就是一种施工工艺。根据面层材料不同，分为环氧树脂、水泥粉光和磐多魔几种。

就施工来讲，自流平优点很多，比如硬化速度快，省工时，原材料比木地板瓷砖便宜，搭配风格多变等，但是缺点也显而易见。

一是没有办法避免裂缝。自流平必须用到的材料就是水泥，水泥非常容易开裂，稍微一翘周围的一片都会起来，而且这个问题很难避免。

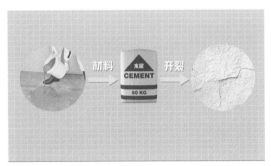

二是对施工条件要求高。自流平施工环境温度要在 10 ～ 25℃，超出这个范围就会影响效果。而且晾干时需要无风条件，保持自然晾干，否则被风一吹就会留下很难看的痕迹了。

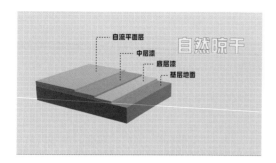

三是需要严格控制好水泥配比。有时候面积大，不是一桶水泥砂浆就能铺完的。如果每桶水泥的比例不一样，地面也很容易开裂。最令人担忧的是自流平材料中的环氧树脂固化剂含有有毒成分，会对人体产生危害。好用的自流平材料当然有，磐多魔就是数一数二的。但它的造价在每平方米700元以上，对于普通家庭太奢侈了。普通人家如果很喜欢水泥地面，但又不想费心养护，那就不妨试试水泥砖、水泥漆，便宜、省事、还漂亮。

23.2
装修地面找平，你家适合用哪种方法

找平指的是通过专业器材，如水平仪、经纬仪等仪器，使砌体或者施工物体的表面侧面看起来平整，没有坡度。地面找平主要有三种方式，石膏找平、水泥砂浆找平、水泥自流平。

石膏找平的好处是它可以局部找平，而

且不会增加地面的高度，同时物美价廉，干得快，施工也简单。如果家里的地面大部分都没有问题，只有局部不平整，就可以使用石膏找平。

水泥砂浆找平是目前使用最多的找平方式，它的厚度一般为3～5cm，刚好可以覆盖住地面铺设的各种管线，价格在每平方米40元左右，比较便宜。缺点是会牺牲一定的层高，如果水泥砂浆的配比不对，还有可能会造成地面空鼓起砂。

水泥自流平算是这些年的网红工艺了，原理就是让泥浆以液体的方式自行流平，碰到地面的凹陷处就会填满并凝固。水泥自流平完工之后呈现出的水泥质感和色泽颇具工业感，因此受到越来越多人的青睐。不过自留平的造价要比前两种方法都高，最普通的每平方米也在100元左右，施工工艺也比较复杂。

其实，并不是所有的地面都需要做找平。例如，准备贴瓷砖或者铺设木地板前会先加装龙骨，就不需要做找平。这两种施工可以接受些许的不平整。

23.3
5 个超实用瓷砖铺设方案

（1）工字形铺贴

工字形铺贴就是对两片瓷砖上下之间进行错位对缝铺贴，使砖缝形成一个"工"字。工字形铺贴一般适用于长方形的木纹砖或者仿古瓷砖。传统的瓷片虽然也是长方形，但一般不建议工字形铺贴。工字形铺贴对于瓷砖本身的平整度以及铺贴工艺要求非常高，所以在施工的时候一定要注意。

（3）蜂巢式铺贴

蜂巢式铺贴一般适用于北欧风格或者美式风格等。样式清新多变，在铺贴这种六边形瓷砖的时候，对不同色彩的瓷砖进行搭配，效果也非常漂亮。

在对六边形的瓷砖进行铺贴的时候，也要注意一些小技巧。比如，不需要整墙满铺，只需要铺到一半，或者 1/3、2/3 的地方；进行跳跃式铺贴也可以，甚至可以把六边形的瓷砖和其他规格的瓷砖混合铺在一起……当然，这样的铺贴对瓦工的切割要求就更高了。

（2）组合式铺贴

组合式铺贴的方式也有很多种。一是对同一种款式、同一种花色、不同规格的瓷砖产品进行混合的组合式铺贴，这是常见的一种组合式铺贴方式。比如，我们常见的一些仿古砖，有 500mm×500mm、165mm×165mm 和 330mm×330mm 三种规格，对这三种不同规格的瓷砖进行组合铺贴。二是对同一款式、同一花色、相同规格、不同颜色的瓷砖产品进行混合的组合式铺贴。比如，我们常见的抛釉砖、大理石瓷砖，就会通过组合的方式在外围进行正铺，中间加上波打线，里面进行菱形组合的铺贴方式。这样的铺贴方式一般在一些仿古砖风格以及欧式古典风格装饰中用得比较多，通常会铺贴在阳台、客厅以及通道等空间。

（4）45°菱形铺贴

这种铺贴方式多用于仿古砖的铺贴，相比于正铺只是角度不同而已，没什么特殊的技巧。但是在菱形铺贴的角度下，看起来整个空间有一种错落有致的感觉。同时，菱形铺贴的时候，一般会用到2～3种颜色不同的瓷砖来进行菱形铺贴，整个现场的视觉效果会更加丰富。如果你想用古典的方式来营造空间感，那么45°的铺贴是一个很好的选择方式。

（5）人字形铺贴

人字形铺贴和工字形的铺贴有点类似，都是适用于长方形瓷砖的规格。比如常见的一些狭长形的木纹砖。如果觉得工字形铺贴比较呆板的话，那么用人字形铺贴会显得整个空间的层次感和立体感更加的丰富。人字形的铺贴一般建议用在一些小空间中，如阳台、过道等。如果用在客厅等范围比较大的空间，整个客厅会显得比较凌乱。

23.4
泥工装修效果要想好，这17条标准要注意

① 检查水泥、沙等泥工辅料的品牌、规格、型号等是否与合同中约定的一致。

② 检查墙、地砖铺贴是否需要拼花，是否按同一方向铺贴，有没有色差，砖缝大小是否一致。这些都直接影响了铺贴的平整性和墙地面的美观性。

③ 检查瓷砖铺贴有没有用专用控缝十字卡，没有它固定，水泥在干固过程中会让瓷砖缝不均匀，影响美观。

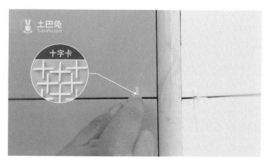

④ 检查瓷砖接缝与瓷砖表面的高低偏差是否在 0.5mm 以内，接缝过高或过低都会影响墙地面的平整性和舒适性。为保证美观，砖缝大小误差应不大于 1mm。

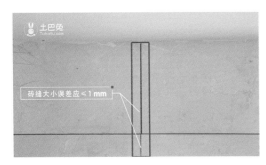

⑤ 检查铺贴完成的瓷砖面，有没有及时清理水泥砂浆附着物，否则等水泥砂浆干了以后无法清理，瓷砖会变"泥砖"。

⑥ 为保证美观，每面墙尽量都使用整块砖，非整砖最好不要超过两处，并且非整砖尽量铺贴在隐蔽区域。单块非整砖面积不能小于整砖的 1/3，否则裁砖容易崩瓷、碎砖，也影响美观。

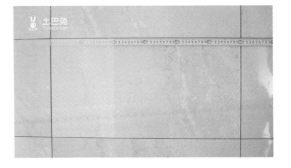

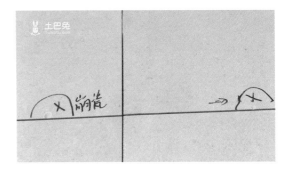

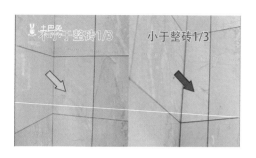

⑦ 检查瓷砖美观性，瓷砖表面开圆孔需要使用开孔器，如果要埋底盒开方孔，则方孔应方正、无开裂、缺棱、掉角、色差、污染现象，否则影响安装五金和面板的美观。

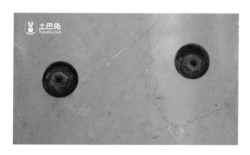

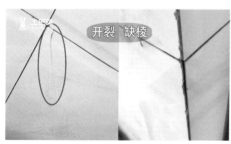

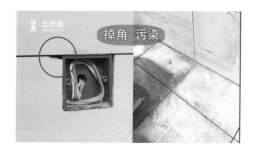

⑧ 检查瓷砖表面平整度，在已经铺好瓷砖的地方用 2m 靠尺和塞尺进行检测，检测范围内的偏差应 ≤ 3mm。如果没有专业工具，可以将直方棍和卷尺配合使用。

⑨ 检查墙地砖交界处，潮湿区域要用墙砖压地砖。如果墙上有水淌下，水会直接流

到地砖的釉面上；而如果是地砖压墙砖，水会沿着墙缝流到防水层，积水发臭。

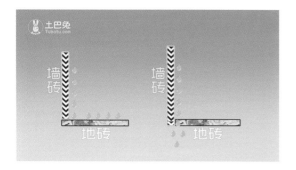

⑩ 检查瓷砖空鼓，在瓷砖贴好后的第 2～3 天，用空鼓锤依次轻轻敲击贴好的瓷砖。有空鼓的声音清脆，没有空鼓的声音沉闷，没有空鼓说明铺贴牢固。如果没有空鼓锤，也可以用家里比较长的金属晾衣架替代。

⑪ 检查厨房卫生间墙角的方正度，用阴阳角尺测量墙角是否为直角，误差在 3mm 以内可以接受。否则安装橱柜、卫浴时和墙面不能完全契合，会留有缝隙或者无法正常安装，藏污纳垢。如果没有专业的阴阳角尺，也可以找一块方正的板材或书本靠在墙角一边测量，看另一边是否有较大缝隙。

⑫ 检查卫生间排水坡度，在卫生间地面放水，水聚集到地漏处排出，瓷砖地面没有明显积水即为合格。

⑬ 检查回字形地漏，地漏处瓷砖应使用"回"字形工艺铺贴，这样可以使水沿着四周流向中心地漏，保证排水效果。

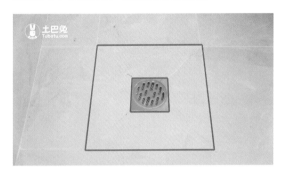

⑭ 用卷尺检查过门石高度，潮湿区域过门石应略高于潮湿地面 5mm 以上。否则潮湿区域的水容易溢出到其他干区，进而渗水到墙体中或楼板里引起油漆发霉起皮。

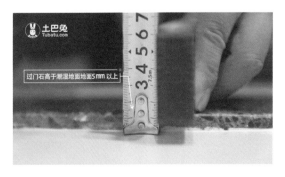

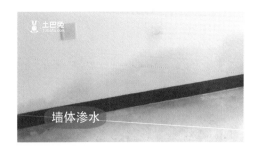

墙体渗水

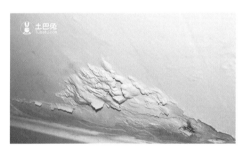

⑮ 铺贴木地板的区域还需检查地面找平是否有表面缺陷。找平层表面应密实，不应有起砂、蜂窝、裂缝和接茬不平等缺陷，否则影响木地板的贴合度和平整度。

起砂

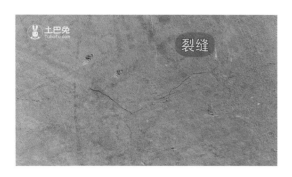

⑯ 用空鼓锤检查地面找平是否凝固结实。找平层不应有空鼓，否则影响地板安装和使用。

⑰ 用 2m 靠尺检查找平后的地表面平整度，允许偏差不大于 5mm。

第24章

木工施工与验收

24.1
吊顶，到底要不要装

吊顶其实是过去几十年很多家庭都会选择的装修手法，甚至一度变成了一种流行。在欧式、美式、中式风格的家居中，叠级顶、弧形吊顶、异形吊顶成了当红造型。

但受到现在房子的层高、装修风格、个人喜好等多种因素的影响，很多业主发现其实没有吊顶家里一样可以很美！那到底要不要装吊顶呢？首先我们要了解吊顶到底有什么作用。从功能性来说，吊顶有遮挡顶部设备、管线、梁的作用，也能便于安装灯具、中央空调、新风系统等……

从装饰性来说，吊顶可以协调空间比例，也能用于塑造家居风格。要不要吊顶要根据一个空间想表达出的空间语言、空间要求和功能性要求来决定。如果没有功能性的要求，就不建议做吊顶。国内住宅的层高一般为 2.4 ～ 2.7m，豪宅顶配的层高也就 3.3

米，不吊顶空间会更加舒适。如果层高低于 2.4m，就更不建议安装吊顶，否则会略显压抑。

厨房卫生间因为有管道和取暖通风设备，基本都会做吊顶。一方面是为了天花板遮挡，另一方面也便于安装嵌入式灯具。如果在老房子里隔声效果不是很好，则可以考虑做吊顶，中间填充隔声材料。总之做吊顶与否，主要取决于自己家房子的特点和自身的需求。

如果不安装吊顶，家居顶面还可以有哪些设计形式呢？

① 平顶。在北欧风极简主义强势兴起的今天，越来越多人摒弃繁复的装修细节。选择舒适自由的简约风格。平顶适应了当下的审美风潮，尤其对于小户型来说是非常不错的选择。

② 石膏线条。如果觉得大平顶太过简单，可以考虑安装石膏线条。既不会太过复杂，也不容易过时，又不会压抑，还能够达到美观的效果。可以选择石膏板做装饰线条，也可以是带有造型的石膏线。现在石膏线很多，欧式风格、简约风格都能很好地驾驭。

③ 局部吊顶。如果家里天花板梁比较多又毫无规律的话，可以选择局部吊顶，安装灵活，适用范围广，还能满足安装中央空调和灯具的需求。

④ 灯具装饰顶面。现在很多灯具除了照明，本身也有很强的装饰性。采用线性灯具，线条的搭配组合就能点缀顶面，给空间带来更加艺术灵动的视觉效果。

⑤ 工业风。如果你大胆地选择了工业风格，就可以保留"原汁原味"的顶面。灯具、管线、空调设备、梁、柱都可以暴露，还可以刷上各种喜欢的颜色，丰富视觉与空间的层次。总体来说要不要做吊顶，需要做哪种形式的吊顶，需要根据户型、层高、屋顶结构、个人需求、预算等方面综合考虑。如果不做吊顶，我们也可以根据自家大体的装修风格，选择合适的顶面设计。

24.2
老木工师傅，3 分钟告诉你吊顶木工的秘密

① 放样：弹线应清晰，位置要准确。

② 防白蚁，防火处理：进行防白蚁处理，所有天花木龙骨必须刷防火涂料后才能使用。

③ 天花框架制作：根据吊顶设计锯好木龙骨尺寸，按照施工图纸尺寸制作龙骨框架，主龙骨与次龙骨的连接点必须用铁钉或钢钉固定。

④ 爆炸螺栓固定：孔深规定不能超过60mm，龙骨必须每隔 60cm 固定一个爆炸螺栓，并充分拧紧。

⑤ 封板满刮胶：在锯好的 5mm 底板上均匀满刷白乳胶。

⑥ 固定打底板：采用码钉固定好 5mm 底板。

⑦ 自攻螺丝固定石膏板：石膏板与石膏板之间、墙体之间的接口处刨 45°角。在相应位置上自攻螺栓，确保所有螺栓准确固定在龙骨架上。

⑧ "7" 字转角封板：用 "7" 字转角封板制作天花封板要先封侧面板，再封底板。

⑨ 靠尺检查平整度：采用 2m 靠尺检查平整度，误差要在 2mm 之内。

24.3

木工验收重在细节，15 条验收标准请收好

现在装修木工现场家具的已经不多了，所以木工验收以装饰吊顶、电视背景墙、隔断墙项目居多。下面 15 条验收标准帮你把关每一个容易忽略的细节。

① 现场确认木工材料，如木板、龙骨、石膏板等品牌规格是否和合同一致。

② 检查木制品的收边、收口。收边线条应粘接严密，保证细节美观和使用寿命。

③ 检查板材拼接处，接头部位不可有错位、离缝，否则影响木制品的牢固性和美观性。

④ 查看饰面板安装，胶粘应均匀，否则容易脱落起翘。饰面板要用蚊钉固定，蚊钉钉眼小不会影响美观和上漆效果。

⑤ 看饰面板花色，并列柜门饰面板花色应相近，不能有胶痕污染。

⑥ 检查木制品的安装美观性，木作柜门安装要端正平齐，以保证掩合良好和美观。

⑦ 检查木制品框架，结构应方正，立面应垂直、平整，基础拼接应工整合缝，否则影响木制品的牢固性。

⑧ 检查饰面板与主体木作粘接，应牢固、无夹层，否则以后容易起翘脱落。

⑨ 检查门窗套与墙面接缝，应平整，缝隙吻合误差应在 5mm 以内，否则影响美观，修补起来也麻烦。

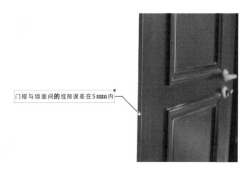

⑩ 检查木制品与顶棚墙体交界处的缝线是否严密、顺直、清晰、美观、牢固。

⑪ 测量吊顶的龙骨间距是否合格，主龙骨间距应为 80 ～ 120cm，次龙骨间距不超过 40cm，否则不利于吊顶的稳定性。

⑫ 检查石膏板安装，相邻石膏板间应留 3 ～ 5mm 的拼接缝，如果留缝不达标，木材

热胀冷缩容易导致吊顶开裂或起鼓。

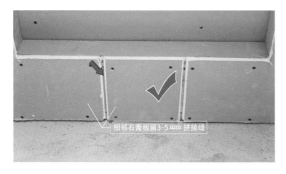

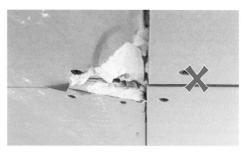

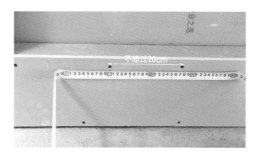

⑬ 固定石膏板时自攻钉钉帽应略嵌入面板，以保证自攻钉龙骨与底板间连接牢固。同时不能损坏石膏板纸面，否则石膏板易破裂。自攻钉间距不要超过 20cm，自攻钉与石膏板边缘距离约 1.5cm。

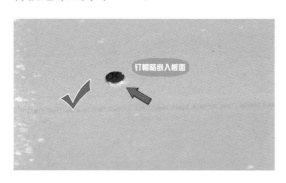

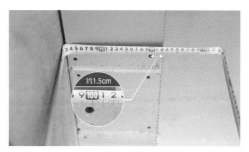

⑭ 检查石膏板封板是否错缝安装，底板托侧板可以减少开裂风险。

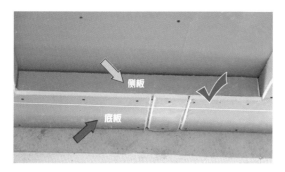

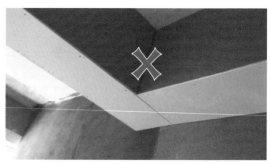

⑮ 检查石膏板转角是否用整张石膏板套裁成"7"字形，不能用两块板进行拼接，防止由于转角处受力集中而开裂。

按照这 15 条标准检查，一旦发现不达标的地方，可以要求返工重做。

第 25 章

油工施工与验收

25.1
乳胶漆怎么刷才不会脱落掉皮

怎么来涂刷乳胶漆，新房装修涂刷乳胶漆的工作一般都交给油漆工人来处理。刷墙之前要先检查一下墙面的情况，如果有凹凸不平或者是开裂起鼓的现象，应先请装修师傅把墙皮铲掉，然后涂上界面剂，挂上网，披上腻子。

大家在家里面刷漆的时候，第一步要做好成品保护。成品保护就是把你的沙发和地板用纸和塑料盖起来，以免油漆、胶水滴在上面。

成品保护
把沙发柜子等家具用塑料保护膜或者报纸等包裹保护起来

第二步是基层处理，就是要把墙面清理干净。我们最好用一块抹布把墙壁上的灰尘和颗粒油污都擦干净。除了干净之外还要保持墙面的干燥度。

第三步是刷底漆。底漆能起到封固墙面基地、抗碱、抗腐的作用，而且还能减少面漆的使用量，增加面漆的附着力，使墙面摸起来更光滑，颜色也更加均匀细腻。如果我们在刷墙的时候不刷底漆而直接去刷面漆的话，墙面一旦泛潮就容易出现起皮脱落等现象。

使用前先把底漆摇一摇，使原料和原液充分混合。再打开桶盖，先顺时针搅拌，再从底部往上搅拌，倒入托盘蘸匀滚筒。注意漆不能弄到滚筒的绿头部位，不然容易在涂刷的过程中滴落。接着从下往上涂刷底漆，干燥 24 小时后开始涂刷面漆。面漆要刷两遍，因为只刷一遍的话，它的遮盖效果可能不够理想，起不到保护墙面的作用，而且这个颜色很可能不够均匀。涂刷动作与底漆一样。

干燥 6 小时，然后开始涂刷第二遍面漆，一样从下到上涂刷完毕。

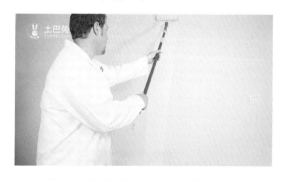

刷漆的难点其实是颜色的调配。经常会发现最后刷出来的效果根本不是自己想要的。在这里给大家支两招。第一招就是我们在刷漆之前最好先在专卖店里用电脑把颜色调好。第二招就是在挑选色卡的时候尽量挑

选比自己想要的颜色稍微浅一点。因为一般刷漆要刷两遍，越刷颜色越重。

25.2
这样刷油漆，才不会"辣眼睛"

（1）基层检查修补

对墙面进行平整度检查，如果墙面与靠尺之间的缝隙大于 5mm，则须对基础进行找平。针对部分墙面的凹面，也需要做补平处理。

墙面与靠尺的缝隙大于5mm,须对基础找平

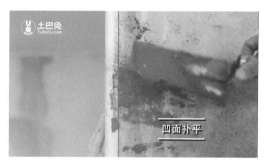

凹面补平

（2）分色纸保护窗框、门边

选择市场常见的分色纸，对窗框、门边等部位进行细致的粘贴。

补钉眼

用石膏粉补缝

窗框保护好了

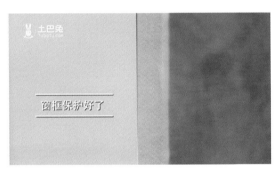

用粘粉贴纤维网带补缝

（3）补钉眼、补缝

用防锈漆加铁红粉调和补钉眼专用的腻子，进行钉眼的填补。用石膏粉补墙面的缝隙。用黏粉贴纤维网带粘贴吊顶石膏板之间的缝隙。吊顶石膏板与墙面之间先刷白乳胶，再将泡过水的牛皮纸粘贴在白乳胶上，进行牢固补缝。

用牛皮纸泡水

用防锈漆加铁红粉调和

刷白乳胶

（4）阳角条的应用

确保墙面阳角垂直及保护阳角，是阳角条的主要作用。首先粘贴阳角条，然后用刮刀将腻子刮贴到阳角条上，使之与墙面平整。

（5）满挂网

为防止水泥墙面裂纹影响刮好腻子墙面的皲裂，因此需要挂上细网，并在网的上面披挂腻子。

（6）打磨

对墙面的阴角、阳角，使用专用的打磨器进行平整度打磨。对墙面、天花等细致部位使用荧光灯照射，并进行细致打磨。

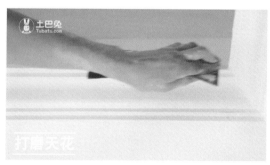

（7）滚涂乳胶漆

涂刷乳胶漆前需要对墙面打磨的粉尘进

行清扫。涂刷要均匀、颜色一致。

涂刷前要清扫墙面

涂刷要均匀、颜色一致

（8）检查平整度

用 2m 靠尺检查墙面平整度，缝隙小于 2mm 为合格。

墙面检查，合格

25.3
油漆工程关系到装修的"脸面"，油漆验收 12 条标准不可少

（1）检查材料

现场核实耐水腻子、乳胶漆和木器漆的

品牌、型号、报价是否和施工合同中约定的一致。

（2）检查墙顶面的刷漆情况

① 在刷乳胶漆前，至少还应给墙面做一次关键的基层处理，包括去灰、刮腻子、打砂纸等。墙面清洁才能保证乳胶漆正常附着。

② 纱布打磨后的墙面不能存在明显砂痕，否则后期刷乳胶漆会出现沟沟壑壑，不美观。

墙面不能存在明显砂痕

③ 对家中其他成品进行保护，比如门框、柜子、窗户等，防止被油漆污染。

保护家中其他成品

④ 墙漆涂刷完毕后，检查墙面外观是否有明显的色差、返碱、返色和刷纹等问题。

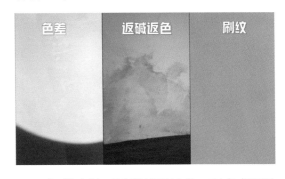

色差　　返碱返色　　刷纹

⑤ 检查墙面质量是否过关，不应有明显

的砂眼、流坠、起疙和溅沫。

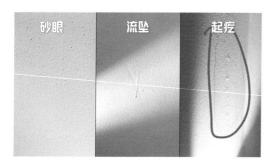

⑥ 墙面不能有裂缝，否则时间久了墙面会脱落。

⑦ 检查收口处是否全覆盖漆膜，并且是否有明显的刷痕。

（3）检查家具的刷漆情况

① 木饰面板在刷漆前应打磨干净、平整。

② 钉眼修补填平有没有漏补。

③ 作为补色，应当修色自然、均匀色正、无明显色差。

④ 刷完漆后的家具饰面外观应该做到平整、平滑，没有起皮的问题，没有麻面、砂眼等缺陷和其他明显瑕疵。

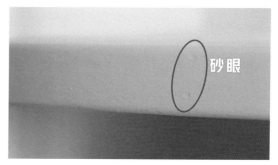

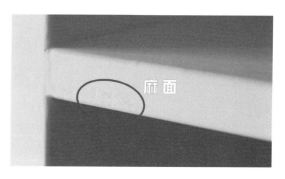

第 26 章

竣工验收

26.1
半包竣工验收 4 步工程规范

竣工验收是一个整体验收，也是对前期工程存在的问题进行复检，查看整体情况。竣工验收是主要包括油漆、地面、电路、排水、安装等工程的整体验收。

（1）第一步：油漆工程验收

油漆工程验收主要分为乳胶漆工程验收和木漆工程验收。

乳胶漆工程验收

① 讲场前确认现场材料品牌是否符合设计预算要求。

② 使用强光手电筒检查乳胶漆表面存在的问题，表面应光滑平整、均匀一致，无开裂、透底、砂眼等情况。然后使用 2m 靠尺与塞尺检查墙面的平整度，误差要在 2mm 以内。

③ 检查所有阴角是否顺直，阳角是否方正，使用激光水平仪进行检测。若激光线与阴角缝隙线吻合，则阴角顺直。或使用阴阳角尺进行检查，将阴阳角刻度调至为零。阳角的角度与阴阳角尺的角度如果完全吻合，则阳角方正。

④ 石膏线拼接无痕迹，棱角顺直，无崩边掉角的现象。

⑤ 在涂料的分色位置，有没有过棱及相互污染的情况，分色要清晰。

木漆工程验收

① 家具表面漆膜无砂眼、刷毛、流坠的现象。

② 清漆工程无色差，木纹清晰没有色差或不均匀的现象。

③ 所有木门六面油漆要保持一致。

④ 清油饰面钉眼处无明显色差。

⑤ 混油面平整光滑，没有挡手感，没有刺毛，不透底，色泽要均匀。

（2）第二步：地面验收

前期因为地面做了成品保护，大厅等地砖前期未做验收，所以要在竣工验收时进行验收。检测方法是使用空鼓锤轻轻敲打瓷砖，听瓷砖是否存在空鼓。

检查平整度同样要使用2m靠尺。若2m靠尺气泡居中时，靠尺与地面完全吻合，则表示地砖是平整的。

除了空鼓和平整度之外还要看什么?

① 看地砖是否干净，无漏贴、错贴等现象，看周边是否顺直，砖面没有裂痕、掉角、缺棱等现象，看留边宽度是否一致。

② 过门石铺设要美观，没有缝隙，耐磨、耐脏，卫生间过门石要起到挡水的作用。

③ 地板拼接缝处缝隙要严密，表面要洁净，不翘鼓。

（3）第三步：排水与电路工程验收

① 厨房、卫生间、阳台地砖是否预留排水坡度，排水是否顺畅，没有积水。沐浴处的地砖是否做了坡度拼接处理。

② 洗手盆、洗菜盆的下水是否顺畅，管道连接处是否有渗水，反水等现象。

③ 检查漏保开关是否安装牢固且能正常使用，检查控制面板与双控是否能正常使用，所有开关插座及控制面板是否安装牢固。

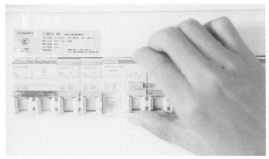

④ 检查室内的插座是否均已通电，且相位准确。

（4）第四步：安装工程验收

① 检查柜体及门板是否安装牢固，开关灵活关闭，严密且没有反弹倒翘等情况。门的配件应齐全，位置准确，安装牢固，柜门关闭后缝隙是严密闭合的。

② 检查门窗及所有安装工程是否安装牢固，看一下是否存在因安装不当，导致门自动关闭的现象；检查防撞条是否牢固，门把手是否能正常使用。

③ 检查洗手台的缝隙是否打了玻璃胶，水龙头是否安装牢固且正常出水，洗手台的安装是否严密。

④ 检查抽水马桶的水箱安装是否沿靠墙壁，马桶能否正常使用，马桶的底座周边是否存在渗水的现象。

⑤ 检查五金件安装是否牢固合理，沐浴设备是否安装牢固，且能正常使用。

26.2
全包竣工验收 21 点"细节"，装修最后 6 步马虎不得

眼看家里就要装完了，竣工验收作为最后一步，可马虎不得，竣工验收"6 步走"如下图所示。

（1）验收墙顶面涂料施工

① 墙漆涂刷均匀，没有明显色差、返碱返色、刷纹、流坠、起皮、裂纹透底等问题。

② 油漆与涂料交接处，注意保证没有过棱和相互污染的情况，分色清晰。

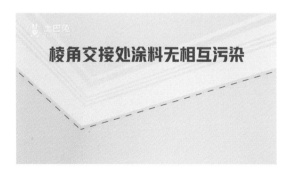

（2）验收地面工程

① 地砖应当平整干净，没有漏贴、错贴。

② 周边顺直，砖面没有裂纹、掉角、缺棱，留边宽度一致。

③ 铺完砖后应当使用填缝剂进行填缝，既美观又牢固。

④ 观察瓷砖勾缝是否饱满，不能存在泛黄等现象。

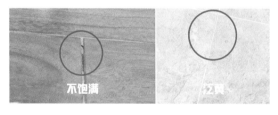

（3）验收开关面板安装

① 同一房间内开关面板的位置高度应该保持一致，并且开关灵活。

② 开关面板应紧贴墙面或装饰面，四周不留缝隙，安装牢固平整。

③ 使用验电器检查插座是否遵循"左零右火上接地"的原则。

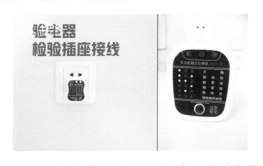

④ 卫生间等潮湿部位的面板，应该加装防水罩。

（4）验收灯具安装

① 观察灯具安装是否端正，所有灯珠是否齐全。

② 整行安装的筒灯不能偏斜、错位。

（5）验收洁具安装

① 查看卫浴设备的外观是否有划痕或破损，安装是否牢固，上下水要求畅通不渗漏。

② 各种卫生器具与台面、墙面、地面的接触部位应采用密封胶密封。

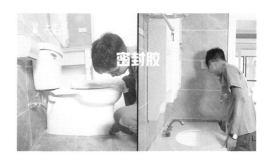

③ 陶瓷类器具如马桶、台盆，不能用水泥砂浆进行固定，防止水泥膨胀开裂。

④ 保证阀门和龙头牢固、平正，开启灵活，出水畅通。

⑤ 出水口应当安装角阀，左边出热水，右边出冷水。

（6）验收壁纸安装

① 壁纸表面不能有气泡、裂缝、褶皱、斑污等质量缺陷。

② 壁纸不能有明显的接缝缝隙，阴角处接缝应采用搭接，阳角处应包角，不得有接缝。

如果在验收过程中发现不达标的地方，可以要求施工方整改，整改完成后，再支付尾款。

26.3
不懂这些验房注意事项，装修一定会后悔

验收房子就是对房屋进行全面"体检"，让业主更了解整个房屋的情况。

（1）电气工程

验房要从水电开始。每座房子都会有一个总配电箱，打开看一下里面所有的配置是否齐全，每个功能区都有一个保护开关，开发商会在上面明确标注每个开关标识。左手边的第一个开关通常是入户的总闸，就是全屋的总开关，后面的就是每个功能区的分开关，这里有个测试按钮，按一下就可以跳闸。如果跳闸了，就是正常，再把它推上去复原。

验插座电使用验电器，验电器插上以后，左右两个灯同时亮了就说明是正常的，如果只有一个灯亮，就证明插座缺少零线。

然后检查一下弱电箱，打开弱电箱，里面有光纤、电话线、电视线。后期在装修之前还要对这些线进行检测。

（2）给排水工程

给排水工程分为供水和排水。

首先，验收供水。先看一下水管的区分和安装的位置。按照施工规范，左边是热水，右边是冷水，也就是所说的左热右冷。然后就可以进行打压测试，主要测试水管的抗压力和水管施工时是否牢固和它的接

管头。将水压达到0.7MPa，半个小时之内，管子不会快速滑落，就证明管子是没有问题的。

验收排水主要是三个方面。

① 排水斜坡。看排水管是否有坡度，后期排水是否顺畅。

② 看地漏的位置，有没有安装存水弯，存水弯能够在后期安装装修地漏的时候有效防止臭气回返。

③ 对排水管进行灌水测试，灌水测试之后看排水是否顺畅，是否有堵住的现象。

（3）墙面地面工程

墙面地面验收，包括墙面空鼓检测、地面空鼓检测、地面平整度检测、阴阳角垂直度检测。

整个屋面地面的平整度很关键，因为平整度关系到后期装修找平产生的费用，平整度通过水平仪检测，对整个房间，进行几个点的测试。

通过水平仪来检测一下阴阳角的垂直度，水平仪红线和阴角基本吻合才是正确的。根据国家有关规定，阴阳角垂直度偏差不能大于4mm，墙面防水不能低于1.8m。

（4）门窗及五金工程

① 入户门检测。

② 检测推拉门锁轨道。阳台门主要看轨道，还有锁是否正常使用，是否顺畅。

③ 窗户检测。验收窗户要注意以下几点：百叶窗推拉是否正常；防撞条是否完好无损；窗户的锁是否能正常使用；窗户总体安装是否牢固；外侧的密封条是否严密牢固、无破损。

附录1
装修全屋设备及开关插座布局参考

客厅玄关

使用设备	种类及数量	高度
投影仪	五孔插座(1个)	位置自选
电视机	十孔插座(3个)	距离地面约40cm(电视墙)
客厅照明	双控升关(1个)	至离地面130cm(玄关沙发旁)
沙发	十孔插座(2个)	距离地面约30cm(沙发两侧)
柜式空调	16A三孔带开关(1个)	距离地面约30cm
家庭KTV	单孔开关(1个)	距离地面约130cm
空气净化器	十孔插座(1个)	距离地面约50cm(电视墙)
玄关烘鞋器	十孔插座(1个)	距离地面约31cm(鞋柜内部)
玄关光照明	双控开关(1个)	距离地面约130cm
玄关手机充电	十孔插座(1个)	距离地面约30cm(鞋柜上方)

主卧

使用设备	种类及数量	高度
电视(根据需要选择)	1组(信号接口和插座各1个)	离地90cm
床头柜台灯	十孔插座(床头左右各1个)	离地70cm
加湿器	十孔插座(1个)	离地30cm
梳妆台插座	2个	离地90cm
衣帽间挂烫机	十孔插座(1个)	离地100cm
网线面板插座	1个	离地30cm
梳妆台智能镜	十孔插座(1个)	距离地面约90cm
电脑、投影仪	十孔插座(2个)	距离地面约30cm(书桌下)
简单照明	双控开关(1个)	距离地面130cm(门口、床头)
手机充电	十孔插座(1个)	距离地面约70cm(床头两侧)
壁挂空调	16A三孔带开关(1个)	距离地面约220cm

次卧

使用设备	种类及数量	高度
学习桌必备插座	十孔插座(1个)	桌上方25cm
网线面板插座	1个	离地30cm
床头床位充电	十孔插座(2个)	桌面上20cm

续表

使用设备	种类及数量	高度
壁挂空调	16A 三孔带开关(1 个)	距离地面约 220cm
预留插座	1 个	离地 30cm
榻榻米（可选）	十孔插座（2 个）	榻榻米上方 30cm

厨房

使用设备	种类及数量	高度
吸油烟机插座	十孔插座(1 个)	离地 230cm
集成灶与消毒柜	十孔插座(1 个)	离地 55cm
洗碗机独立插座	十孔插座（大功率，1 个）	离地 55cm
净水器垃圾处理器	十孔插座(1 个)	离地 55cm
燃气报警器	1 个	离地 230cm
燃气热水器	1 个	离地 140cm
嵌入式蒸烤箱	十孔插座(1 个)	离地 130cm
冰箱	十孔插座(1 个)	距离地面约 50cm（冰箱旁）
台面电器插座	1 组（自带独立开关）	离地 130cm
烤箱	十孔插座(1 个)	距离地面约 200cm（橱柜上方）
电饭煲	十孔插座(1 个)	距离台面约 30cm
垃圾处理器	五孔插座(1 个)	距离地面约 50cm（水槽下）
抽油烟机	三孔插座(1 个)	距离地面约 200cm（灶台上方）
凉霸	单孔开关(2 个)	距离地面 131cm（门口）
厨房照明	单孔开关(1 个)	距离地面约 130cm（门口）

卫生间、浴室

使用设备	种类及数量	高度
浴室柜镜前灯	1 个	离地 130cm
吹风机\电动牙刷	十孔带防溅盖(1 个)	离洗手盆 40cm
电热水器插座	16A 三孔带开关带防溅盖(1 个)	离地 200cm
智能马桶	五孔带防溅盖(1 个)	离地 40cm

续表

使用设备	种类及数量	高度
照明	单孔开关(1 个)	距离地面约 130cm
浴霸、排气扇	多控开关(1 个)	距离地面 130cm（卫生间门内）

注：卫生间好多插座需要防溅盒，可以多购买一些，大功率电器要单独配专用 16A 三孔插座

阳台

使用设备	种类及数量	高度
洗衣机、烘干机（需要考虑阳台下水是否完善）	十孔带防溅盖（2 个）	离地 100 ～ 120cm
小厨宝独立插座	十孔带防溅盖(1 个)	离地 55cm
茶台插座	十孔带防溅盖(1 个)	离地 40cm
吸尘器等设备用插座	十孔带防溅盖(1 个)	离地 40cm
电动晾衣架	单孔开关(1 个)	离地 200cm
照明	单孔开关(1 个)	距离地面约 130cm

附录 2
装饰装修工程量计算标准参考

（1）电路计量标准

电线穿管后，两头都应该有 20 ～ 50cm 长的电线用来接开关插座或灯头，统一把管中伸出来的部分只计算 20cm。故电路的长度应该为每根管的长度加上两头各 20cm。

（2）水电路估价参考

厨房、卫生间水管走墙面、顶面，不允许走地面，客厅或房间到阳台的水管走地面。家装水电路据实结算，常规要求下，水电路估价的参考计算式为：平层 80 ～ 160m² 的住房，按图纸外框面积 ×100 元预估；复式、别墅住房，层高高于 2.2m 的都计算建筑面积，按建面面积 ×100 元预估。业主要求用多股线的按图纸外框面积 ×103 元预估。

如客户无特殊要求，按实际水电施工数量计算出来的水电工程费与预估价误差保证在5%以内，如遇特殊情况或有特殊要求，则不以上预估计算式为参考。

（3）拆除工程

拆除门窗按项计量；拆除墙体工程量以所要拆除墙体展开后的总长度乘以墙体高度的实际面积计算；不扣除小于 $0.3m^2$ 的孔洞。拆除地面砖以实际要拆的地面面积计算工程量，不扣除占地小于 $0.3m^2$ 的柱子或物体所占的面积。

（4）墙体工程

墙体工程按正面投影面积计算工程量；以新做墙体的总长度乘以高度所得的实际面积计算，不扣除小于 $0.3m^2$ 的孔洞。

（5）铺贴砖计量标准

墙面砖工程量以立柱展开后的总周长乘以贴砖高度计算，不减窗户面积，可减门的实际面积；地面以实际面积计算；如存在阳台外侧边坎贴砖的情况，因施工难度大，工程量按延长米计算。隔断墙、卫生间墙面局部贴马赛克不足 $1m^2$ 的按 $1m^2$ 计算。

（6）防水计量标准

卫生间防水面积 = 地面面积 + 墙面卷起部分面积（周长 ×0.3m）+ 淋浴头相邻两墙1.2m 范围内（高度为 1.8m）；厨房、阳台地面防水面积 = 地面面积 + 墙面卷起部分面积。

（7）门窗工程

木门、金属门、木窗及其他门窗按设计图示数量计算。门窗套按设计图示尺寸以长度计算。窗帘盒、窗帘轨按设计图示尺寸以长度计算。

（8）现场制作家具计量标准

方正的家具如衣柜、书柜等，统一按柜体外边框正面投影面积计算，不足 $1m^2$ 的按 $1m^2$ 计算；宽度低于 800mm 的衣柜延高度方向按米报。写字台、地柜、吊柜等统一按长度米为单位计算，不足 1m 的按 1m 计算。无门衣柜（或储藏柜）柜体外框标准深度为

650mm 内，有门衣柜（或储藏柜）外框深度600mm 内，展示柜、酒柜、书柜深度 350mm内。深度每超过 100mm 内，每平方米增加70 元；异形柜子（如坡屋顶斜面）因比较费材料、做工也麻烦，故单价在原普通柜子报价基础上增加 100 元。家具工程报价中要求抽屉数量控制在每延米一个以内，增加时按每个抽屉另加 100 元计算。凹凸立体造型、中式造型或欧式造型的家具，大量使用特制线条，因此视具体材料和工艺难度大小，报价增加 10% ～ 50%。

（9）吊顶计量标准

平顶按水平投影面积计算；不扣除间壁墙、垛、柱、附墙烟囱、检查口和管道所占的面积，吊假梁、梁两侧按展开面积计算。造型顶按水平投影面积 ×1.2 的系数计算。

（10）背景造型计量标准

由于方案的不确定性，背景造型一般按项计，根据用材、施工难易程度决定不同价格；报价时要慎重，可先核算成本价后除以 0.69 的系数。造型中一些价格不确定的材料，如工艺玻璃、石材、墙纸等，最好由业主自购。

（11）批灰、乳胶漆计量标准

顶面以横梁、吊顶灯槽展开后的实际面积计算；墙面工程量以立柱展开后的总周长乘以高度计算，门窗面积减一半，可减现场制作的固定柜体面积。

（12）内饰油漆计量标准

以柜体内部金胡桃饰面板按二底一面要求手刷的清漆展开面积计算。无门柜按正面投影面积 ×3.5 计内饰面积，有门柜按正面投影面积 ×4.5 计内饰面积，按长度计算的家具（如电视柜、写字台、简易层板等）内饰面积按长度 ×3.5 计。

（13）外饰油漆计量标准

按家具、木制造型整体表面展开计算，不减中间镂空、玻璃等的面积；白漆柜门的

正反面，书柜、博古架等家具内部贴普通饰面板（红樱桃、黑胡桃、白枫、白橡、水曲柳、澳松板）的都按外饰油漆计算；所有宽度 1 ～ 30cm 的线条和条状面板分别按米计油漆；欧式、中式、凹凸立体家具或造型因线条或雕花的油漆施工难度大、非常耗工废料，因此其油漆工程量 = 家具整体表面面积 ×1.5。

装饰装修工程预算表范例可通过扫描下方二维码获得。

附录 3
施工质量检验标准及注意事项

1. 粉刷石膏找平施工

（1）质量检验标准及检验方法

项目	允许偏差	检测方法
表面平整度	≤ 2mm	2m 靠尺、楔形塞尺
立面垂直度	≤ 2mm	垂直度检测仪
阴阳角顺直度	≤ 2mm	拉 5m 线，不足 5m 拉通线
阴阳角方正度	≤ 2mm	直角检测仪检测
表面	无空鼓、无裂缝、无脱层	小锤轻轻敲击、目测

（2）施工注意事项

① 袋装粉刷石膏在运输和储存过程中，应防止受潮，如发现有结块现象应停止使用。

② 掌握每批进场粉刷石膏的初凝时间，准确控制石膏浆料的搅拌量。

③ 制备粉刷石膏浆料时第一次搅拌完毕后，一定要静置 3 ～ 5 分钟，然后进行适当搅拌。

④ 避免在墙面温度变化剧烈的环境下抹灰，夏季太阳直射使水分挥发过快，造成墙面石膏强度粉化，降低使用强度；冬季施工的环境温度不低于 10℃，过低会造成石膏凝固缓慢或冻结而丧失强度。

⑤ 在粉刷石膏抹灰层未凝结硬化前，应封闭门窗。粉刷石膏凝结硬化以后，保持开窗通风，使其尽快干燥，达到使用强度。

⑥ 在粉刷石膏找平方完成后，要进行有效的成品保护，避免磕碰、划伤等。

⑦ 粉刷石膏找平方不应使用在经常受水浸泡的部位，例如卫生间、厨房等。

⑧ 制备料浆的容器及电动搅拌器，在每次使用后都应洗刷干净，以免在下次制备料浆时有大块的砂石和石膏的硬化颗粒混入，影响操作及效果。

⑨ 找平方施工前，应在墙角铺设板条或者厚保护膜，防止落地灰污染地面，也方便回收再利用。

2. 砌筑隔墙施工

（1）施工验收标准

非承重砌块的砂浆饱满度及检验方法如下表所示。

砌块分类	灰缝	饱满度及要求	检测方法
空心砖砌块	水平	≥ 90%	采用百格网检查
	垂直	填满砂浆，不得透缝	
加气混凝土砌块和轻骨料混凝土小砌块	水平	≥ 90%	
	垂直	≥ 90%	

一般尺寸允许偏差如下表所示。

项目	允许偏差 /mm	检验方法
位置偏移	5	直尺检查
垂直度	5	垂直度检测靠尺或线坠检查
表面平整度	5	2m 靠尺和楔形塞尺检查

（2）施工注意事项

① 成品砂浆加水量必须严格按照使用说

明进行，不得过量加入。

② 钢筋进行接长时需要搭接，两头需要弯钩，搭接弯钩长度不小于 20 天。

③ 新旧墙体连接时，新砌筑墙体不得在完工后立即进行砂浆抹面施工，需静置几天，待灰缝干燥后方可进行抹面作业，新旧交接处加设钢丝网进行加强处理。

3. 轻钢龙骨石膏板隔墙施工

（1）质量验收标准及检验方法

允许偏差及检验方法如下表所示。

项目	质量标准		检查方法
隔墙表面	平整光滑、色泽一致、洁净、无裂缝，接缝应均匀、顺直		观察
隔墙上的空洞、槽、盒	位置正确，套割吻合，边缘整齐		观察
隔墙的填充材料	干燥，填充应密实、均匀，无下坠		手摸、观察
立面垂直度	允许偏差（mm）	≤2	用立面垂直度检测仪检测
表面平整度		≤3	用 2m 靠尺和塞尺检测
阴阳角方正		≤2	用直角检测仪检测
接缝高低差		≤1	用钢直尺和塞尺检测
接缝直线度		≤2	拉通线用钢直尺检查（设计要求留明缝时）

一般检查项目如下表所示。

项目	检查内容
放隔墙位置线	根据设计施工图，检查在墙、顶、地放的位置线、控制线
安装沿边龙骨	沿边龙骨采用塑料膨胀螺栓固定，钉距400m，龙骨两端距端头50mm
竖向龙骨安装	竖龙骨上下两端伸入沿边龙骨，龙骨长度小于沿边龙骨，间距 5mm
安装附加龙骨	在门洞口等特殊部位距龙骨 150mm 处加设附加龙骨，沿边龙骨弯折 300mm 抱在门洞龙骨上

（2）施工注意事项

① 厨房、卫生间等潮湿环境使用 12mm 厚防潮纸面石膏板。

② 高温环境使用 12mm 厚耐火纸面石膏板。

③ 门洞口等特殊节点处应附加龙骨并进行加固处理。

④ 所有墙体均使用单面单层纸面石膏板。

4. 套接紧定式钢导管敷设施工

（1）质量验收标准

① 验收时质量均应符合以上工艺要求。

② 固定点间距、管路敷设及盒、箱安装允许偏差应符合下表规定。

管路敷设及线盒、箱安装允许偏差（注：d 为钢管外径）

项目	范围	允许偏差/mm	检验方法
暗敷管子最小弯曲半径	—	≥6d	尺量检查
明敷管子最小弯曲半径	—	≥3d	尺量检查
箱高度	—	5	吊线、尺量检查
垂直高度	高 500mm 以上	15	吊线、尺量检查
	高 500mm 以下	3	尺量检查
线盒垂直度		0.5	吊线、尺量检查
线盒高度	并列安装高差	0.5	尺量检查
	同一场所高差	5	尺量检查
	同一房间高差	5	尺量检查
线盒、箱凹进墙深度		15	尺量检查

明装或吊顶内管线固定点间距如下表所示。

敷设方式	钢导管种类	钢导管直径 /mm		
		16-20	25-32	40
吊架、支架或沿墙敷设间距 /mm	厚壁钢导管	1500	2000	2500
	薄壁钢导管	1000	1500	2000

（2）施工注意事项

① 剔槽不得过深或过宽，混凝土楼板、混凝土墙等均不得擅自切断钢筋。

② 穿过建筑物和设备处加保护套管，穿过变形缝处有补偿装置，补偿装置应平整、活动自如且管口光滑。

③ 顶面无吊顶时，开槽不宜过深，长度不大于 1500mm。开槽时不要与承重墙平行，两点间呈弧形开槽。

④ 对于墙面的壁灯及预留线，应把管煨弯至与墙面 45° 左右，与墙面垂直锯断（或放接线盒），管口与墙面平齐为宜，不允许凸出墙面。

⑤ 墙面埋设暗盒，电源插座底边距地宜为 300mm，开关面板底边距地宜为 1400mm，在同一墙面上保持同一水平线，同一房间内不允许偏差 5mm。

⑥ 电源线及插座与电视线及插座的水平间距应不小于 500mm。

⑦ 接线盒埋入位置要适当，深度超过 15mm 时，或者遇到护墙板等位置变深时应加装套盒。

⑧ 有集中空调、智能控制等用电设施施工时，应严格按厂家要求埋设电管、电线至预留位置。

5. 轻钢龙骨纸面石膏板吊顶施工

（1）质量验收标准及检验方法

项类	项目	质量标准	检验方法
	吊顶标高、尺寸、起拱和造型	符合设计要求	尺量
	饰面板与龙骨连接	牢固可靠，无松动变形	轻拉

续表

项类	项目	质量标准	检验方法
龙骨	龙骨间距	标准内	尺量检查
	龙骨平直	≤ 2mm	尺量检查
	起拱高度	根据面积而定	拉线尺量
	龙骨四周水平	≤ 2mm	尺量或水准仪检查
饰面板	表面平整度	≤ 3mm	用 2m 靠尺和塞尺检查
	接缝直线度	≤ 3mm	拉 5m 线，不足 5m 拉通线检查
	接缝高低差	≤ 1mm	用直尺或塞尺检查
	顶棚四周水平度	≤ 5mm	在室内 4 角用尺量检查

（2）施工注意事项

① 厨房、卫生间等潮湿环境使用 12mm 防潮纸面石膏板，高温环境使用耐火石膏板。

② 在空调检修位置、过路管道检修位置、排风烟道等位置需要留设检查口。

③ 吊顶工程应根据规范要求起拱，起拱控制在 1‰～ 3‰ 之间。吊顶高度大于 1500mm 时，需在吊杆处增加反向支撑。

④ 吊顶带反光灯槽、弧形、圆形或其他异形时，尽量使用轻钢龙骨，特殊情况允许使用木龙骨做造型部位龙骨。所用木龙骨必须进行防腐、防火处理，并应符合有关防火规范的规定。

⑤ 设计为保温吊顶或隔声吊顶时，使用带单面锡箔纸的玻璃丝棉填充，填充应密实，接缝用锡箔纸胶带封闭严密。玻璃丝棉需安置在主龙骨上方，铺设厚度均匀一致，并应有防坠落措施。

6. 装饰梁制作工程施工

（1）施工验收标准

① 细木制品与基层固定必须牢固、无松动。

② 木制作尺寸要正确，表面平直光滑，棱角方正，线条顺直，露钉帽，无戗槎、刨痕、毛刺和锤印。

③ 安装位置要正确，割角整齐、交圈，接缝严密，平直通顺，与墙面紧贴，出墙尺寸一致。

④ 允许偏差项目，如下表所示。

项目		允许偏差/mm	检查方法
木护墙板	上口平直	3	拉 5m 线尺量检查
	垂直	2	吊线坠尺量检查
	表面平整	1.5	用 1m 靠尺检查
	压缝条间距	2	尺量检查
筒子板	垂直	2	吊线坠尺量检查
	上下宽窄差	2	尺量检查

（2）施工注意事项

① 面层木纹错乱，色差过大：主要是由轻视选料所致，应注意加工品的验收，分类挑选匹配使用。

② 棱角不直，接缝接头不平：主要由于压条、贴脸料规格不一，面板安装进出口不齐所致。细木操作从加工到安装，每一工序达到标准，保证整体的质量。

③ 上下不方正，基层偏差过大：由未找平方，安装基层板时未调方正所致，应注意安装时调正、吊直、找顺，确保方正。

④ 下或左右不对称：主要是门窗框安装偏差所致，造成上下或左右宽窄不一致，安装找线时应及时纠正。

⑤ 割角不严，割角划线不认真，操作不精心：应认真用角尺划线割角，保证角度、长度准确。

7. 桑拿板吊顶施工

（1）质量验收标准及检验方法

项类	项目	质量标准	检验方法
	吊顶标高、尺寸、起拱和造型	符合设计要求	尺量
	饰面板与龙骨连接	牢固可靠，无松动变形	轻拉

项类	项目	质量标准	检验方法
龙骨	龙骨间距	标准内	尺量检查
	龙骨平直	≤ 2mm	尺量检查
	起拱高度	根据面积而定	拉线尺量
	龙骨四周水平	≤ 2mm	尺量或水准仪检查
饰面板	表面平整度	≤ 3mm	用 2m 靠尺检查
	接缝直线度	≤ 2mm	拉通线检查
	接缝高低	≤ 1mm	用直尺或塞尺检查
	顶棚四周水平	≤ 3mm	拉线或用水准仪检查

（2）施工注意事项

① 在空调检修位置、过路管道检修位置以及排风烟道处都需要留设检查口。

② 吊顶工程应根据规范要求起拱，起拱控制在 1‰～3‰ 之间。当吊顶高度大于 1500mm 时，需要在吊杆处增加反向支撑。

③ 所用木龙骨必须进行防腐、防火处理，且符合有关防火规范的规定。

④ 当设计为保温吊顶或隔声吊顶时，使用带单面锡箔纸的玻璃丝棉。填充时接缝用锡箔纸胶带封闭严密。玻璃丝棉应安置在主龙骨上方，铺设厚度均匀一致，并有防坠落措施。

⑤ 需做隐蔽工程检查记录的项目：吊顶内的电线导管、管道隔声；金属构件防锈、吊顶吊挂点、龙骨型号；连接固定点、吊顶骨架间距、骨架平整度、起拱高度；对吊顶内可能形成结露的暖卫、消防、空调、设备等采取防结露措施。

⑥ 需做质量验收的项目有：龙骨骨架、桑拿板罩面。

8. 墙体抹灰工程施工

（1）质量验收标准

项目	允许偏差	检测方法
表面平整度	≤ 2mm	2m 靠尺、楔形塞尺
立面垂直度	≤ 2mm	垂直度检测仪

续表

项目	允许偏差	检测方法
阴阳角顺直度	≤ 2mm	拉5m线，不足5m拉通线
阴阳角方正度	≤ 2mm	直角检测仪检测
抹灰层与基层之间粘接牢固，无脱落，无空鼓	无	小锤轻轻敲击、目测
表观状态	无起砂、裂缝	目测

续表

项目	质量标准	检验方法
颜色	均匀一致	观察检查
反光	均匀一致	白色带型日光灯照射，观察检查
砂眼、刷纹	无	观察检查
装饰线、分色线平直	偏差不大于1mm	拉通线钢尺检查
边框、灯具等	无污染	观察检查

（2）施工注意事项

① 袋装水泥砂浆在运输和储存过程中，应防止受潮，如发现有结块现象应停止使用，过期的成品砂浆也不得使用。

② 严格按照成品水泥砂浆包装袋标明的配比进行搅拌，可稍微调整加水量，但不得调整过多，且调整好的加水量不得随意变化。

③ 在制备水泥砂浆浆料搅拌的过程中，应严格控制静置时间，使添加剂充分溶解，避免使用后出现气泡等问题。

④ 避免在温度变化剧烈的环境下抹灰，最佳施工温度为10～30℃。

⑤ 在水泥砂浆抹灰层未凝结硬化前，应遮挡封闭门窗口，避免通风使水泥砂浆失去足够水化的水。当水泥砂浆凝结硬化以后，应保持通风良好，使其尽快干燥，达到使用强度。

⑥ 拌制料浆的容器及使用工具，使用后都应洗刷干净，以免下次制备料浆时有大块的砂石和石膏的硬化颗粒混入，影响操作及效果。

⑦ 抹灰前应在墙前地下铺设胶合板，使在抹灰过程中掉下的落地灰可收回继续使用，但已凝结或将要凝结的料浆决不可再次使用。

9. 墙面涂饰施工

（1）质量验收标准

项目	质量标准	检验方法
返碱、咬色	不允许	观察检查
流坠、疙瘩	无	观察、手摸检查

（2）施工注意事项

① 乳胶漆施工时严禁同时进行油漆或水性木器漆的施工，并且施工间隔时间3天以上。

② 施工环境的温度应在5℃以上，相对湿度应在85%以下，避免多雨时节施工，施工期间下雨应遮挡；墙体基面的含水率应小于10%，pH <10。

③ 乳胶漆施工时涂料太稠、涂装工具不合适、环境温度高、底材吸水快会造成乳胶漆刷痕重。根据现场情况，涂刷时应适当加大稀释比例，换用软的毛刷及短毛辊筒或调节环境条件，使其符合施工要求。

④ 乳胶漆施工时基面粗糙不平、稀释过度、喷涂压力太高、墙面碱性太强会造成涂层局部失光。

⑤ 乳胶漆施工时施工温度低、过度稀释会造成漆层粉化。

10. 墙面贴砖施工

（1）质量验收标准

① 饰面砖的品种、规格、级别、颜色、图案必须符合设计要求。检查产品合格证、进场检验记录、性能检测报告。

② 饰面砖粘贴用水泥基黏结剂及勾缝材料必须符合设计及国家规范要求。检查材料合格证、性能检测报告、复试报告。

③ 饰面砖粘贴必须牢固，无空鼓，无裂缝，不得有歪斜、缺棱掉角等缺陷。饰面砖工程应表面平整、洁净，色泽协调一致。可

用小锤敲击检查。

④ 饰面砖在门边、窗边、阳角边宜用整砖。非整砖应安排在不明显处且不宜小于二分之一整砖。

⑤ 墙面突出物周围的饰面砖应采用整砖套割吻合，尺寸正确且边缘整齐。墙裙、贴脸等上口平直，突出墙面厚度应一致。

⑥ 饰面砖接缝应平直、光滑、宽窄一致，纵横交缝处无明显错台错位，填嵌应连续、密实，宽度、深度、颜色应符合设计要求。

⑦ 有排水要求的部位应做滴水线。滴水线应顺直，清晰美观，流水坡向正确，坡度应符合设计要求。

⑧ 用湿作业法施工的石材板，施工前应对石材板进行防碱背涂处理，将石材板背面及侧面均匀涂刷防护剂，石材板饰面工程表面应无泛碱、水渍现象。石材板与基体之间的灌注材料应饱满、密实，可用小锤轻击检查。检查产品合格证、隐蔽工程检查记录。

⑨ 饰面砖粘贴的允许偏差和检验方法应符合下表规定。

项目	允许偏差 /mm					检验方法
	饰面砖		石材			
	内墙砖	外墙砖	光面	剁斧面	蘑菇石	
立面垂直度	2	2	2	3	3	用 2m 垂直检测尺检查
表面平整度	2	2	1.5	3	–	用 2m 靠尺和塞尺检查
阴阳角方正	2	3	2	4	4	用直角尺（两直角边不小于 600mm）检查
接缝直线度	1	1～2	1	4	4	拉 5m 线，不足 5 米拉通线，用钢尺检查
接缝高低差	0.5	0.5	0.5	3	–	用钢直尺和塞尺检查
接缝宽度	0.5	1	0.5	2	2	用钢直尺检查
阴角与顶面接缝宽度	2～3	–	1～2	–	–	用钢直尺检查

⑩ 打玻璃胶的允许偏差和检验方法应符合下表规定。

项目	质量要求	检验方法
玻璃胶宽度	均匀	目测
玻璃胶表面	光滑	目测
玻璃胶颜色	符合设计要求	目测

（2）施工注意事项

① 粘贴墙、地砖前，应仔细审看排砖图纸。要格外注意墙砖与地砖需要上下通缝的地方，以及不同材质不同尺寸的接缝处。

② 采用湿作业法施工的石材板，施工前宜对石材板进行防碱背涂处理，将石材板背面及侧面均匀涂刷防护剂，石材板饰面工程表面应无返碱、水渍现象。石材板与基体之间的灌注材料应饱满、密实。

③ 板块表面不洁净：主要是做完面层之后，成品保护不够。油漆桶放在地砖上，在地砖上拌合砂浆、刷浆时不覆盖等，都可造成面层被污染。

④ 有地漏的房间倒坡：找平层砂浆时，没按设计要求的泛水坡度进行弹线找坡。必须在找标高、弹线时找好坡度，在抹灰饼和标筋时抹出泛水。

⑤ 地面铺贴不平，出现高低差：对地砖未进行预先选挑，砖的薄厚不一致造成高低差，或铺贴时未严格按水平标高线进行控制。

11. 墙体内保温施工

（1）质量验收标准

项目	允许偏差	检测方法
表面平整度	≤ 2mm	2m 靠尺、楔形塞尺
立面垂直度	≤ 2mm	垂直度检测仪
阴阳角顺直度	≤ 2mm	拉 5m 线、不足 5m 拉通线
阴阳角方正度	≤ 2mm	直角检测仪检测

（2）施工注意事项

① 面层施工时现场环境温度和基层墙体表面温度应不低于5℃，风力不大于5级，冬季施工时应采取适当的保护措施，因为温度过低会造成聚合物砂浆凝固缓慢或冻结而丧失强度。

② 配制的料浆要随配随用，应在1小时内用完，绝不允许反复使用。

③ 制备料浆的容器及电动搅拌器，每次用完后都应洗刷干净，以免下次制备料浆时有大块的砂石颗粒混入，影响操作及效果。

④ 施工过程中保温板拼缝需用发泡胶填实，严禁缝隙中夹杂水泥砂浆等杂物。

⑤ 固定保温板的锚钉每平方米应不小于5个。

12. 贴地砖、石材施工

（1）质量验收标准

① 墙面与地面控制标准如下表所示。

项目	控制标准				
墙面	表面平整度0～3mm	墙面垂直度0～2mm	阴阳角方正0～3mm	接缝高低差0～0.5mm	无裂缝、空鼓
地面	表面平整度0～2mm	接缝高低差0～0.5mm	无裂缝、空鼓	—	—

② 各种板块面层的表面洁净，图案清晰，色泽一致，接缝均匀，周边顺直，板块无裂纹、掉角和缺楞等现象。

③ 地漏等处的坡度符合设计要求，当无设计要求时可按照0.5%的坡度，要求不倒泛水，无积水，与地漏结合处严密牢固、无渗漏。

④ 各种面层邻接处的收边用料及尺寸符合设计要求和施工验收规范规定，且边角整齐、光滑。

（2）施工注意事项

① 开始地面铺贴前，应做好成品保护，如门框要用细木工板保护，防止碰坏棱角，推车运输应采用窄车，车腿底端应用胶皮等包裹。

② 严禁在已铺好的缸砖等地面上搅拌砂浆。

③ 严禁在已铺好的地面上任意丢、扔钢管等重物。

④ 油漆、涂料等施工时应对已铺好的地面进行保护，防止面层污染，一般采用塑料布、纸板或普通三合板等。

⑤ 应在墙面和吊顶施工完毕之后再开始地面地砖的安装。

⑥ 刚铺贴完地面时，不得直接上人踩踏。根据气温情况，养护3～4天方可上人。如特殊情况继续上人必须铺设踏板，增大受力面积，以保证黏结层不变化，地面无空鼓，边角处无错台。

⑦ 当日砂浆当日用，不留隔日砂浆，避免砂浆失效形成空鼓。

13. 实木复合地板施工

（1）质量验收标准

① 木踢脚板基层板应钉牢墙角，表面平直，安装牢固，不应发生翘曲或呈波浪形等情况。

② 采用气动打钉枪固定木踢脚板基层板。当采用明钉固定时，钉帽必须打扁并打入板中2～3mm，不得在板面留下伤痕。板上口应平整。拉通线检查时，偏差不得大于3mm，接搓平整，误差不得大于1mm。

③ 木踢脚板基层板接缝处做斜边压搓胶粘法，墙面阴阳角处宜做45°斜边平整粘接接缝，不能搭接。木踢脚基层板与地坪必须垂直一致。

④ 木踢脚基层板含水率应按不同地区的自然含水率加以控制，一般不应大于18%，相互胶粘接缝的木材含水率相差不应大于1.5%。

（2）施工注意事项

① 木踢脚板基层板应在与踢脚板面层后面的安装槽完全对照，安装前要严格弹线，并用一块样板检查。基层的厚度控制也是关键。

② 在墙内安装踢脚板基板的位置，每隔400mm 打入木楔。安装前，先按设计标高将控制线弹到墙面，使木踢脚板上口与标高控制线重合。

③ 踢脚板基层板接缝处应做斜坡压槎，在 90° 转角处做成 45° 斜角接槎。

④ 木踢脚板背面刷木制品三防剂。安装时，木踢脚板基板要与立墙贴紧，上口要平直，钉接要牢固，用气动打钉枪直接钉入木楔，若用明钉接，钉帽要砸扁，并冲入板内2～3mm，钉子的长度是板厚度的 2.0～2.5倍，且间距不宜大于 1.5m。

⑤ 木踢脚板饰面安装。墙体长度在 3m以内，不允许有接口，须采用整根安装。

⑥ 踢脚线在阴阳角部位采用 45° 倒角拼接。

14. 实木地板施工

（1）质量验收标准

① 实木地板面层所采用的材质和铺设时的木材含水率必须符合设计要求。木龙骨、垫木必须做防腐、防蛀处理。检查材质合格证明文件及检测报告。

② 木龙骨安装应牢固、平直，其间距和稳固方法必须符合设计要求，粘贴使用的胶必须符合设计环保要求。可观察或脚踩以及检查胶黏剂的合格证明文件及环保检测报告。

③ 面层铺设应牢固，粘贴无空鼓。观察、脚踩或用小锤轻击检查。

④ 实木地板应刨平、磨光，无明显刨痕和毛刺等现象，图案清晰、颜色均匀一致。可用观察、手摸或脚踩检查。

⑤ 面层缝隙应严密，接头位置应错开，表面应洁净。

⑥ 拼花地板接缝应对齐，粘、钉严密；缝隙宽度均匀一致，表面洁净，胶粘无溢胶。

⑦ 实木地板面层的允许偏差和检验方法如下表所示。

项目	允许偏差 /mm						检验方法
	松木地板		硬木地板		拼花地板		
	国标、行标	企标	国标、行标	企标	国标、行标	企标	
板面缝隙宽度	1.0	1.0	0.5	0.3	0.2	0.2	用钢尺检查
表面平整度	3.0	2.0	2.0	1.0	2.0	1.0	用 2m 靠尺和楔形塞尺检查
踢脚线上口平直	3.0	2.0	3.0	2.0	3.0	2.0	拉 5m 线，不足 5m 拉通线和用钢尺检查
板面拼缝平直	3.0	2.0	3.0	1.0	3.0	1.0	
相邻板材高差	0.5	0.3	0.5	0.3	0.5	0.3	用钢尺和楔形塞尺检查
踢脚线与面层的接缝	1.0	1.0	1.0	1.0	1.0	1.0	用楔形塞尺检查

（2）施工注意事项

① 地板铺装后，不能立即入住。一般铺装后建议在 24 小时至 7 天内及时入住，如未及时入住，请保持室内空气流通，定期检查保养，建议每周一次。

② 地板铺装完后，48 小时内要避免在地板上经常走动以及放置重物，这样能为地板胶粘贴牢固留出充足时间，地板自然风干后方可搬入家居。

③ 铺贴完之后对于室内的环境要求，主要是湿度。地板怕干也怕潮湿，所以当室内湿度 ≤ 40% 时，应采取加湿措施，当室内湿度 ≥ 80% 时，应通风排湿，以 50% ≤ 相对湿度 ≤ 65% 为最佳。同时要防止阳光长期暴晒。